Rafael Tassinari Resende
Aluízio Borém
Helio Garcia Leite

ORGANIZADORES

PINUS

© Copyright 2023 Oficina de Textos

Grafia atualizada conforme o Acordo Ortográfico da Língua Portuguesa de 1990, em vigor no Brasil desde 2009.

CONSELHO EDITORIAL Aluízio Borém; Arthur Pinto Chaves; Cylon Gonçalves da Silva; Doris C. C. K. Kowaltowski; José Galizia Tundisi; Luis Enrique Sánchez; Paulo Helene; Rosely Ferreira dos Santos; Teresa Gallotti Florenzano

CAPA, PROJETO GRÁFICO Malu Vallim
DIAGRAMAÇÃO Victor Azevedo
FOTO CAPA Prof. Dr. Gabriel Paes Marangon (Universidade Federal do Pampa – UNIPAMPA)
PREPARAÇÃO DE FIGURAS Victor Azevedo
PREPARAÇÃO DE TEXTOS Natália Pinheiro Soares
REVISÃO DE TEXTOS Anna Beatriz Fernandes
IMPRESSÃO E ACABAMENTO

Dados Internacionais de Catalogação na Publicação (CIP)
(Câmara Brasileira do Livro, SP, Brasil)

Resende, Rafael Tassinari
    Pinus : do plantio à colheita / Rafael Tassinari Resende, Aluízio Borém, Helio Garcia Leite. -- São Paulo, SP : Oficina de Textos, 2023.

    ISBN 978-65-86235-93-7

    1. Árvores 2. Pinus - Cultivo I. Borém, Aluízio. II. Leite, Helio Garcia. III. Título.

23-157481   CDD-634.9580981

Índices para catálogo sistemático:
1. Pinus : Cultivo : Brasil 634.9580981
            Tábata Alves da Silva - Bibliotecária - CRB-8/9253

Todos os direitos reservados à **Oficina de Textos**
Rua Cubatão, 798
CEP 04013-003 São Paulo Brasil
tel. (11) 3085-7933
www.ofitexto.com.br e-mail: atend@ofitexto.com.br

SOBRE OS AUTORES

Acelino Couto Alfenas
Engenheiro Florestal, M.S., Ph.D., Professor voluntário na Universidade Federal de Viçosa e Professor efetivo na AgroPós. E-mail: aalfenas@ufv.br.

Amaury Paulo de Souza
Engenheiro Florestal, M.S., Ph.D. e Professor da Universidade Federal de Viçosa. E-mail: amaury@ufv.br.

Caio Varonill de Almada Oliveira
M.S. em Ciência Florestal pela Universidade Federal de Viçosa. E-mail: caio.almada@ufv.br.

Carla Aparecida de Oliveira Castro
Engenheira Florestal, M.S. em Genética e Melhoramento de Plantas pela Universidade Federal de Viçosa. E-mail: carla.castro0120@gmail.com.

Carlos Cardoso Machado
Engenheiro Florestal, M.S., D.S. e Professor da Universidade Federal de Viçosa. E-mail: machado@ufv.br.

Douglas Santos Gonçalves
Engenheiro Florestal, M.S. e Professor da Universidade Federal de Lavras. E-mail: goncalvesds@hotmail.com.

Edson Tadeu Iede
Biólogo, M.S., D.S. e Pesquisador da Embrapa Florestas. E-mail: edson.iede@embrapa.br.

Gilvano Ebling Brondani
Engenheiro Florestal, D.S. e Professor da Universidade Federal de Lavras. E-mail: gebrondani@gmail.com; gilvano.brondani@ufla.br.

Giovanna Carla Teixeira
Engenheira Florestal, M.S. e Professor da Universidade Federal de Lavras. E-mail: giovannateixeira_959@hotmail.com.

Gleidson Guilherme Caldas Mendes
Engenheiro Florestal, Ph.D. em Ciência Florestal pela Universidade Federal de Viçosa. E-mail: gmendesflorestal@gmail.com.

Glêison Augusto dos Santos
Engenheiro Florestal, Ph.D. e Professor da Universidade Federal de Viçosa. E-mail: gleisons@ufv.br.

Grasiele Dick
Engenheira Florestal, D.S. e Pesquisadora da Universidade Federal de Santa Maria. E-mail: grasidick@hotmail.com.

Isabela Dias Reboleto
Engenheira Florestal e Mestranda em Ciências Florestais. E-mail: isabela.reboleto@ufv.br.

Laércio Couto
Engenheiro Florestal, Ph.D. e Professor da Universidade de Toronto E-mail: laercio.couto45@utoronto.ca.

Luciano José Minette
Engenheiro Florestal, M.S., D.S. e Professor da Universidade Federal de Viçosa. E-mail: minette@ufv.br.

Marcio Henrique Coelho
Economista pela Universidade Federal de Santa Catarina, M.S. e D.S. pela Universidade Federal do Paraná e Professor na Universidade Estadual de Ponta Grossa. E-mail: marhenco6@gmail.com.

Mariane Aparecida Nickele
Bióloga, M.S., D.S. e Pós-Doutoranda da Universidade Federal do Paraná. E-mail: nickele.mariane@gmail.com.

Mauro Valdir Schumacher
Engenheiro Florestal, D.S. e Professor da Universidade Federal de Santa Maria.
E-mail: mauro.schumacher@ufsm.br.

Nairam F. Barros
Engenheiro Florestal, M.S., Ph.D. e Professor da Universidade de Federal de Viçosa. E-mail: nfbarros@ufv.br.

Nairam F. Barros Filho
Engenheiro Florestal, M.S., D.S. e Gerente Regional de Minas Gerais da The Timber Group. E-mail: nairam.filho@ttgbrasil.com.

Nilmara Pereira Caires
Engenheira-Agrônoma, M.S. e D.S. e Pós-Doutorada da Universidade Federal de Viçosa. Atualmente trabalha na Suzano S.A. E-mail: nilmarac@suzano.com.br.

Samuel V. Valadares
Engenheiro-Agrônomo, M.S., D.S. e Professor da Universidade Federal de Viçosa.
E-mail: samuel.valadares@ufv.br.

Sérgio Valiengo Valeri
Engenheiro Florestal, D.S. e Professor da Universidade Estadual Paulista (Unesp).
E-mail: sergio.valeri1@gmail.com.

Susete do Rocio Chiarello Penteado
Bióloga, M.S., D.S. e Pesquisadora da Embrapa Florestas. E-mail: susete.penteado@embrapa.br.

Wilson Reis Filho
Engenheiro-Agrônomo. M.S., D.S. e Pesquisador da Epagri/Embrapa Florestas.
E-mail: wilson.reis@colaborador.embrapa.br.

PREFÁCIO

Uma obra abrangente e essencial para todos aqueles interessados no cultivo da conífera lenhosa conhecida como *Pinus*. Com extensa gama de informações práticas e atualizadas, este livro se destaca como uma rica fonte de conhecimento, abordando todos os aspectos envolvidos no processo de plantio e colheita dessa espécie.

Escrito por profissionais especialistas em cada um dos capítulos, o livro oferece uma visão abrangente e detalhada sobre o cultivo do *Pinus*, desde o plantio até os tratos culturais, manejo, genética, pragas e doenças, culminando na colheita da madeira ao final do processo. A experiência e o conhecimento dos autores garantem a precisão e a confiabilidade das informações apresentadas, tornando-o uma importante referência para estudantes e profissionais das áreas de Engenharia Florestal e Agronomia.

Além de abordar os fundamentos essenciais, também são apresentadas as mais recentes tecnologias e inovações utilizadas no cultivo de *Pinus*. O livro destaca as melhores práticas e estratégias para otimizar a produção, fornecendo aos leitores as ferramentas necessárias para enfrentar os desafios do setor de maneira eficiente e sustentável.

Idealizado para atender às necessidades de estudantes, professores, produtores e técnicos que trabalham com espécies desse gênero, *Pinus: do plantio à colheita* é uma obra indispensável que contribuirá significativamente para o aprimoramento e o sucesso da produção de *Pinus* no Brasil e além.

Os organizadores

APRESENTAÇÃO

Atualmente, a silvicultura do pínus ocupa uma área de aproximadamente 1,58 milhões de hectares no Brasil, com as maiores extensões de plantações concentradas nos Estados de Santa Catarina, Paraná e Rio Grande do Sul, devido às condições edafoclimáticas. A produtividade média das plantações de pínus é de 30,5 m^3 ha^{-1} ano^{-1}. Essa cultura é seguidamente discriminada e pouco valorizada, por ser apontada como espécie invasora e que causa danos ao meio ambiente. Assim como para qualquer espécie vegetal, antes da implantação e mesmo durante o seu desenvolvimento, devemos nos cercar do máximo de informações técnico-científicas sobre as implicações silviculturais e ecológicas do pínus.

O livro *Pinus: do plantio à colheita* tem como objetivo trazer informações para estudantes das ciências agrárias e biológicas, produtores rurais, engenheiros, pesquisadores e professores, contemplando os seguintes temas: aspectos econômicos do pínus, recomendação de espécies e uso de genótipos, produção de mudas, nutrição mineral e adubação, preparo de solo e plantio, manejo de pragas, manejo de doenças, sistemas de manejo (desbaste e desrama), prevenção e manejo de fogo e, por fim, colheita e usos da madeira das plantações de pínus. As informações apresentadas nesta publicação são resultado de um esforço coletivo de professores e pesquisadores renomados, que trabalham com silvicultura, manejo florestal e tecnologia da madeira. O produto final de todos os especialistas envolvidos resultou em um manuscrito que, de forma prática e clara, fornece informações e fomenta o uso do pínus como uma alternativa social e econômica. A todas as pessoas que porventura vierem a adquirir esta obra, desejo uma boa leitura e reflexão.

Mauro Valdir Schumacher
Engenheiro Florestal
Universidade Federal de Santa Maria (UFSM)

SUMÁRIO

1 ASPECTOS ECONÔMICOS **13**
    1.1 Pinus no Brasil 14
    1.2 Panorama mundial 21
    1.3 Considerações finais 26
        Referências bibliográficas 27

2 RECOMENDAÇÃO DE ESPÉCIES E GENÓTIPOS **30**
    2.1 Recomendação de espécies de *Pinus* spp. quanto ao uso 32
    2.2 Principais espécies plantadas no Brasil 33
    2.3 Híbridos potenciais 38
    2.4 Melhoramento genético de *Pinus* 38
    2.5 Considerações finais 46
        Referências bibliográficas 46

3 PRODUÇÃO DE MUDAS **49**
    3.1 Produção de mudas seminais 49
    3.2 Produção de mudas clonais 55
        Referências bibliográficas 67

4 NUTRIÇÃO E ADUBAÇÃO MINERAL **70**
    4.1 A influência dos processos edáficos na nutrição mineral 70
    4.2 A influência das características da planta na
         nutrição mineral..73
    4.3 A influência das técnicas de manejo florestal na nutrição mineral 77
    4.4 Considerações finais 84
        Referências bibliográficas 84

5 PREPARO DO SOLO E PLANTIO **86**
    5.1 Manejo dos resíduos 87
    5.2 Preparo de solo 90
    5.3 Plantio..91
    5.4 Considerações finais 96
        Referências bibliográficas 98

6	**MANEJO DE PRAGAS**	**99**
	6.1 Principais pragas em *Pinus* spp.	99
	Referências bibliográficas	115
7	**MANEJO DE DOENÇAS**	**118**
	7.1 Doenças em viveiro	118
	7.2 Doenças de campo	121
	Referências bibliográficas	127
8	**SISTEMAS DE MANEJO, DESBASTE E DESRAMA**	**129**
	8.1 Regime de desbaste	131
	8.2 Métodos de desbaste	137
	8.3 Regime de desrama	140
	Referências bibliográficas	143
9	**COLHEITA E TRANSPORTE FLORESTAL**	**144**
	9.1 Planejamento	145
	9.2 Níveis hierárquicos de planejamento	146
	9.3 Sistemas de colheita da madeira	149
	9.4 Operações da colheita	149
	9.5 Extração da madeira	154
	9.6 Carregamento e descarregamento	156
	9.7 Transporte florestal rodoviário	156
	Referências bibliográficas	159

1
Aspectos econômicos

Marcio Henrique Coelho

A dinâmica do processo de urbanização brasileiro, principalmente na segunda metade do século XX, proporcionou um grande avanço das atividades produtivas, levando a aglomeração urbana e a concentração populacional a impulsionar incursões no território, que se espalharam de forma impactante, motivadas pelos interesses de exploração comercial e/ou migração.

O crescimento da agricultura e da pecuária, embalado pelo aumento nas demandas das cidades, implicou a remoção da vegetação nativa, o que gerou danos ao meio ambiente, mas também ganhos financeiros para o País, inventariados no aumento do volume das transações comerciais com o resto do mundo.

Se, por um lado, a realidade extrativista adotada para a expansão agrícola e territorial careceu de organização, com evidentes questionamentos quanto à velocidade de aproveitamento, à diversidade obtida e à adoção de práticas de compensação, por outro, os empreendimentos de reposição da cobertura florestal mitigaram os efeitos danosos e permitiram o cultivo de florestas de espécies exóticas, consorciado aos melhoramentos nas análises dos biomas.

O Brasil, com uma cobertura florestal de aproximadamente 54% da sua superfície, apresenta um potencial produtivo em torno de 319 milhões de hectares, dos quais 7,8 milhões, ou 2,5%, estão ocupados por florestas plantadas (MMA, 2016). Entre as espécies utilizadas nas áreas repovoadas, o *Pinus* pouco a pouco assumiu relevância na matriz florestal, suprindo a demanda por madeira na indústria de processamento mecânico, beneficiamento de madeira serrada, produção de madeira laminada, elaboração de painéis e obtenção de celulose, diante do esgotamento dos núcleos mais próximos dos grandes centros consumidores e dos elevados custos para o uso das espécies amazônicas.

Este capítulo pretende estabelecer um panorama econômico do *Pinus* e contextualizar a evolução da espécie no Brasil, por meio de uma síntese histórica e das principais ações governamentais, seguida da exibição da estrutura produtiva, dos rumos da produção e dos aspectos ambientais, complementando com as especificidades da cultura no mundo, para inferir aspectos da distribuição espacial e de análises econômicas.

1.1 *Pinus* no Brasil

1.1.1 Evolução histórica

Em relatos do final do século XIX, W. Bello e Monteiro da Silva (IBGE, 1986, p. 203) atestavam a grandeza da diversidade de madeira existente no Brasil:

> O Brasil é, sem possível contestação, o país que possue as mais preciosas madeiras para construcções civis e navaes, para moveis e os mais variados artefatos. Paiz de flora variegada e luxuriante, possuindo diversos climas, varias zonas vegetativas e solo uberrimo, as suas madeiras são apreciadas por sua resistência, belleza e durabilidade.

Mesmo assim, as dificuldades de transporte, tanto para uso interno quanto para exportação, segundo os relatos, se traduziam na falta de interesse sobre o produto nacional:

> [...] é triste dizelo – vamos comprar o pinho americano para construir as nossas casas, olvidando nas quebradas das serras as nossas madeiras, que não rivaes. [...] Para conhecer a influencia d'essas condições, basta saber-se que o preço da madeira nas estações ou nos portos de embarque é menor do que o custo do transporte. Por esse motivo o pinho estrangeiro vem concorrer com madeiras nacionais até quando estas estão em matas proximas do Rio de Janeiro e dos outros grandes centros de actividade e progresso (IBGE, 1986, p. 204-205).

No início do século XX, a produção extrativista brasileira concentrava-se na cultura do babaçu, da castanha, da erva-mate, da borracha, da carnaúba e da madeira. Por volta de 1920, a extração de madeira representava 41,6% do total de toneladas processadas, e em 1939 passou a expressar 71,8% da produção vegetal (IBGE, 1986, p. 20-21).

A literatura aponta que o início da cultura do Pinus no Brasil se deu com a chegada dos imigrantes europeus no século XIX, cujos objetivos eram a ornamentação e a produção de madeira. As primeiras plantações datadas de 1880 indicam o Estado do Rio Grande do Sul como o destinatário das espécies provenientes da Europa e do Mediterrâneo (Dossa et al., 2002; Shimizu, 2008).

O cultivo do Pinus em território nacional com objetivo mercantil, datado do ano de 1947, aponta que a espécie esteve consorciada ao eucalipto, com a ocupação de áreas dos cerrados paulistas e da Região Sul, povoadas em substituição à mata nativa e à Mata Atlântica, para o fornecimento de madeira (Kronka; Bertolani; Ponce, 2005).

O incremento na demanda por madeira e nos custos de transporte na década de 1960 intensificou os plantios comerciais nas Regiões Sul e Sudeste, tendo como base predominante as espécies de Pinus elliottii e Pinus taeda, originárias dos Estados Unidos (Suassuna, 1977, p. 1).

1.1.2 Ações governamentais

Entre as décadas de 1950 e 1960, duas propostas teóricas de desenvolvimento estiveram presentes nos debates nacionais. Uma delas preconizava que o pensamento liberal devia prevalecer, com a adoção de medidas clássicas de combate à inflação, de aumento de produtividade e de estímulo às exportações. A outra, estruturada no pensamento desenvolvimentista, indicava que o planejamento econômico do processo produtivo devia ficar a cargo do Estado, pois a transformação da economia não seria possível sem a industrialização (Souza, 2007, p. 168-169). O modelo adotado pelo governo priorizou a produção local de bens e serviços em substituição às importações, o que passou a nortear as práticas do setor florestal nacional (Tuoto; Hoeflich, 2008, p. 17).

Para a estruturação das técnicas de plantio no País, em 1967 o governo federal criou o Instituto Brasileiro de Desenvolvimento Florestal (IBDF), com a junção do Instituto Nacional do Pinho (INP), do Instituto Nacional do Mate (INM) e do Departamento Nacional de Recursos Naturais Renováveis (DRNR), com o objetivo de "formular a política florestal [...] e orientar, coordenar e executar ou fazer executar as medidas necessárias à utilização racional, à proteção e à conservação dos recursos naturais renováveis e ao desenvolvimento florestal do País" (Brasil, 1967).

Com fundos oriundos do orçamento federal, as ações que mais contribuíram para a formação de uma política florestal, na avaliação de Cesar (2010, p. 21), foram as institucionalizações dos programas nacionais de reflorestamento, de celulose e papel, de siderurgia a carvão vegetal e de inventário florestal, além do Projeto Nacional de Pesquisa Florestal.

No final da década de 1970, a constituição da Embrapa Florestas, uma unidade da Empresa Brasileira de Pesquisa Agropecuária (Embrapa), proporcionou a formação de parcerias com universidades e institutos de pesquisa, com empresas privadas, cooperativas e órgãos de fomento etc., apresentando como resultado o melhoramento genético, o controle de pragas, a recuperação de áreas degradadas, o monitoramento ambiental e a integração lavoura-pecuária-floresta, entre outros.

Ainda nos anos 1970, a concessão de incentivos e/ou subsídios, viabilizados por meio de planos de reflorestamento nacionais e regionais, operacionalizados por empresas do setor florestal, oportunizou a ampliação da oferta de madeira no País (SFB, 2020).

Segundo Ferreira (2005 *apud* Cesar, 2010, p. 9), as áreas de florestas plantadas passaram de pouco mais de 0,034 milhão de hectares, em 1967, para um agregado de 5,592 milhões de hectares em 1984 (Fig. 1.1).

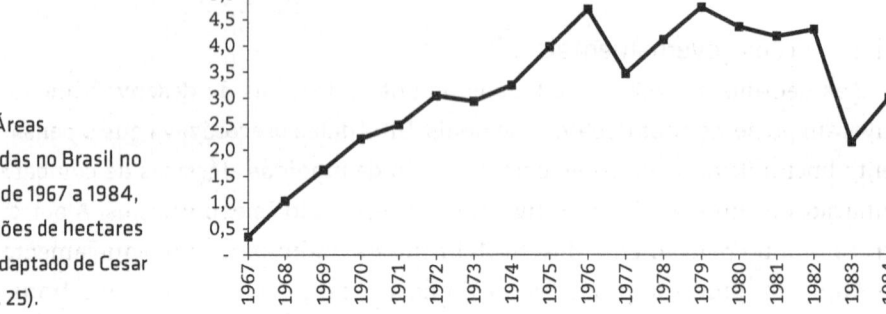

Fig. 1.1 Áreas florestadas no Brasil no período de 1967 a 1984, em milhões de hectares
Fonte: adaptado de Cesar (2010, p. 25).

As medidas do IBDF, cristalizadas nas Regiões Sul e Sudeste, asseguraram a difusão do plantio florestal do *Pinus*, e as regularidades das chuvas e as variações climáticas favoráveis à cultura impulsionaram a indústria de base florestal nessas regiões, com uma orientação de plantio de *Pinus* em terras com menor potencial agrícola.

Em suma, o negócio florestal evoluiu como política estratégica do governo nos anos 1960, com a formação da base florestal na década de 1970, a colheita da madeira plantada na década de 1980, a consolidação do segmento industrial nos anos 1980-1990, o comércio da madeira e subprodutos na década de 1990 e o retorno financeiro da floresta a partir dos anos 2000 (Klock, 2008, p. 2).

1.1.3 Estrutura produtiva

O território brasileiro, com uma área total de 851 milhões de hectares, ostenta uma cobertura florestal próxima dos 463 milhões, dos quais 98,5% são de florestas naturais e 1,5% de florestas plantadas, algo em torno de 7,8 milhões de hectares. A Fig. 1.2 mostra um organograma sistematizando o destino de produção florestal de *Pinus*.

O sistema florestal nacional, que na sua base desenvolve as atividades de plantios, podas, desbastes e cortes rasos, atinge estágios sucessivos de agregação de valor, com a oferta de bens e serviços, contribuindo com aproximadamente 1,2% do produto interno bruto (PIB), 6,2% do PIB industrial e US$ 7,8 bilhões no saldo da balança comercial (MDIC, 2018).

Na exploração das florestas naturais, o balanço da oferta indica a participação de 230 itens derivados do aproveitamento dos produtos florestais madeireiros (PFM), entre os quais estão os subprodutos da madeira para combustível e para indústria, que se agregam aos 2.116 itens oriundos dos produtos florestais não madeireiros (PFNM) com aproveitamento para as indústrias de alimentos,

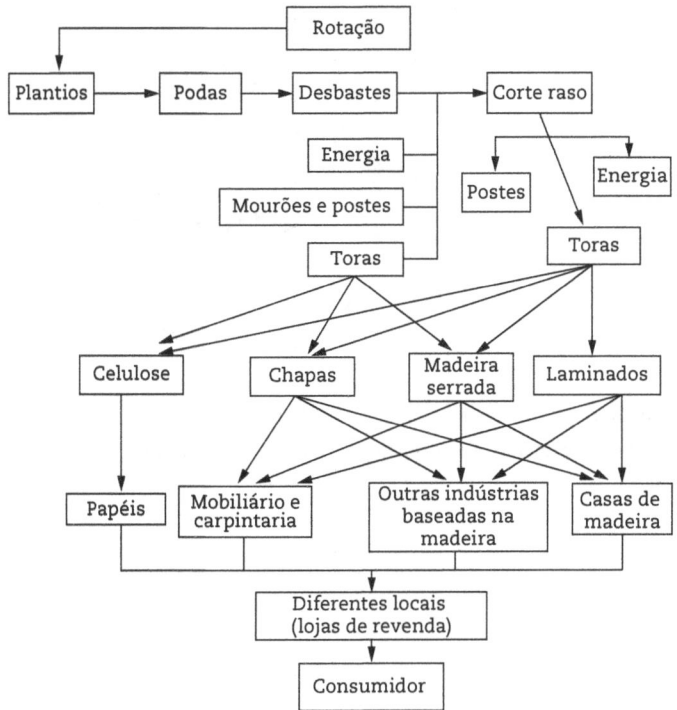

Fig. 1.2 Destino da produção: florestal, indústria e mercado
Fonte: Kronka, Bertolani e Ponce (2005, p. 29).

aromáticos, medicinais, tóxicos, corantes, borrachas, ceras, fibras, gomas não elásticas e oleaginosas.

Nos últimos 20 anos, a valia econômica das florestas plantadas assumiu novas proporções, com incrementos nas atividades de ofertas de produtos. Na modalidade de PFM, os mesmos 230 itens foram disponibilizados, enquanto na classe de PFNM, outros 184 itens de produtos da silvicultura foram viabilizados (SFB, 2018a, 2018b).

O peso econômico das florestas naturais, revelado através da análise da série histórica, apontou para uma variação anual média de 1,64%, com deslocamentos de US$ 8,7 bilhões para um pico de US$ 12,7 bilhões no ano de 2011. De outro modo, a transformação proporcionada pelas florestas plantadas (Fig. 1.3), incluindo o *Pinus* e latifoliadas, sinalizou para um crescimento anual médio de 11,7%, cuja riqueza gerada passou de US$ 3,1 bilhões para US$ 46,3 bilhões no ano de 2014. No mesmo período, o PIB avançou 2,56% ao ano (SFB, 2018c; FGV, 1947-2014).

O saldo de produtos cresceu em média 0,47% durante a década de 1990, ao passo que, na década seguinte, o quantitativo atingiu 4,24%, com expansão da área cultivada de florestas plantadas (*Pinus* e latifoliadas) no Brasil (Vital, 2009, p. 87), acompanhando as tendências mundiais (Mendes et al., 2016).

Os desdobramentos no mercado de trabalho indicam que o segmento de florestas plantadas respondeu por aproximadamente 10% do total de empregos gerados no setor, o equivalente a 64 mil vagas em 2016 (Fig. 1.4).

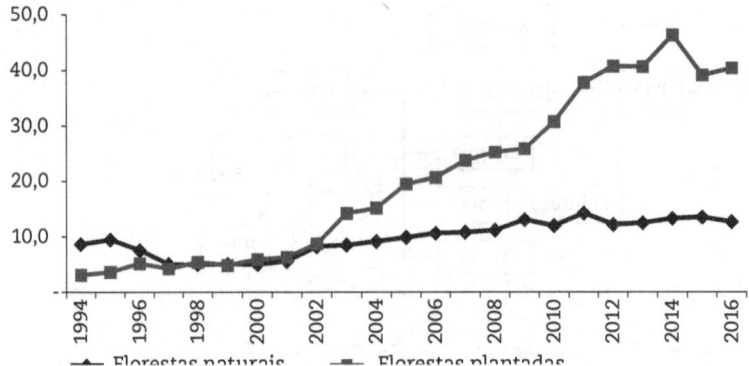

Fig. 1.3 Evolução da produção de florestas naturais (inequiâneas) e florestas plantadas (equiâneas) no Brasil de 1994 a 2016, em milhões de dólares. Estão inclusos o *Pinus* e as latifoliadas
Fonte: adaptado de SFB (2018c).

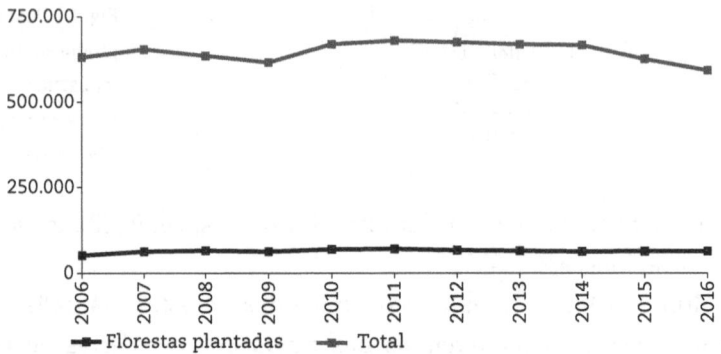

Fig. 1.4 Empregos gerados no setor florestal e no segmento de florestas plantadas (equiâneas), de 2006 a 2016. Estão inclusos o *Pinus* e as latifoliadas
Fonte: adaptado de SFB (2017).

A ocupação de mão de obra na categoria de florestas plantadas, considerando a série histórica, apontou para um crescimento médio de 2,1% ao ano, valor abaixo do verificado para a economia brasileira, que atingiu 2,4%, mas acima do observado para o setor florestal, cujo quociente médio indicou uma variação negativa de −0,6% ao ano (MTE, 2018).

1.1.4 Área plantada e os rumos da produção

Na distribuição geográfica da área plantada com *Pinus*, os destaques recaem sobre os Estados do Paraná, com uma superfície de 672.607 mil hectares, e o de Santa Catarina, com 545.835 mil hectares (Tab. 1.1).

Isoladamente, a Região Sul concentra 88,85% da área total de *Pinus*, enquanto a Região Sudeste e os demais Estados apresentam menores participações, mas concentram grande parte da área plantada com eucalipto (SFB, 2014-2016).

Tab. 1.1 Distribuição da área plantada com *Pinus* por Estados no Brasil em 2016

Região	Área plantada (ha)	Participação (%)
Paraná	672.607	42,45
Santa Catarina	545.835	34,45
Rio Grande do Sul	184.595	11,65
São Paulo	124.179	7,84
Minas Gerais	36.764	2,32
Goiás	8.500	0,54
Mato Grosso do Sul	5.852	0,37
Bahia	3.301	0,21
Espírito Santo	2.500	0,16
Tocantins	200	0,01
Total	1.584.333	100,0

Fonte: adaptado de SFB (2014-2016).

A manufatura do *Pinus* permite a destinação para diversas finalidades, e seus segmentos de plantio e de processamento podem antecipar ou postergar os encadeamentos industriais, de acordo com a evolução do nível dos preços e do potencial de manutenção ou expansão de lucro.

Na transformação de matérias-primas em bens de consumo intermediários ou finais, o aproveitamento durante quase todo o ciclo de rotação prioriza o manejo para a serraria, com níveis mais elevados após o período de dez a 12 anos, quando a árvore apresenta maior peso e consistência e menor quantidade de cascas. Para a produção de celulose e a geração de energia, as maiores destinações ocorrem no intervalo entre sete e nove anos, com dinâmicas decrescentes à medida que a evolução do plantio se realiza, chegando ao final do ciclo com 5,8% e 0,7% de participações, respectivamente. O encaminhamento da madeira de *Pinus* para a laminação teve o seu melhor quociente no intervalo entre 19 e 22 anos, com maior diâmetro e comprimento das toras, atingindo 30,8% (Tab. 1.2).

Tab. 1.2 Programa de desbastes para o *Pinus taeda* por tipo de uso e idade

Tipo de uso	Desbaste				
	7 a 9 anos	10 a 12 anos	13 a 15 anos	16 a 18 anos	19 a 22 anos
Energia	6,7%	3,0%	1,8%	1,2%	0,7%
Celulose	53,9%	27,0%	15,7%	10,3%	5,8%
Serraria	39,4%	70,0%	81,2%	79,7%	62,7%
Laminação	–	–	1,3%	8,8%	30,8%
Total	100%	100%	100%	100%	100%

Nota: povoamento de *Pinus taeda* no Estado de Santa Catarina.
Fonte: adaptado de Kohler *et al.* (2015, p. 551).

No comércio internacional, as vendas de celulose responderam por 63% do valor total exportado pelo setor, as de papel por 22%, e as de compensado por 5%. As principais rotas da celulose foram a China (26,04%), a Holanda (20,29%) e a Itália (9,23%), enquanto as principais rotas do papel foram a Argentina (19,18%), os Estados Unidos (9,96%), o Reino Unido (6,74%) e a China (4,25%) (MDIC, 2018; IBÁ, 2017).

A produção de celulose com a fibra longa do *Pinus* confere alta resistência e responde por 11% da produção, tendo como rumo, em sua totalidade, o mercado interno. Na elaboração do papel, as fibras longas permitem plena utilização no segmento de embalagens, cujas destinações são próximas de 13% para o mercado externo (MDIC, 2018; IBÁ, 2017).

1.1.5 Impactos sobre o meio ambiente

Ao longo das últimas décadas, as mudanças nos processos de manufatura proporcionaram diferentes abordagens sobre as utilizações dos fatores de produção. A intensidade no uso de combustíveis fósseis e na exploração dos solos acarretou aumentos na poluição da atmosfera, com preocupantes efeitos para a humanidade, cristalizados nos debates acerca do aquecimento global.

No caso das florestas e da vegetação terrestre, os danos podem ser ainda maiores, gerando migrações da fauna, reduções da área habitada e alterações na composição dos ecossistemas (Press *et al.*, 2006, p. 602).

Entre os serviços prestados pelas florestas na organização dos biomas, estão o controle e suprimento de água, de forma a beneficiar a vida nas cidades e a produção agrícola e industrial, a contenção da erosão e retenção de sedimentos, minimizando os efeitos da turbidez da água, favorecendo a fotossíntese e a ictiofauna e, consequentemente, evitando a perda de renda. Além disso, ajuda na fixação de nitrogênio, fósforo, potássio etc., o que coopera para a polinização e a reprodução, resultando em melhorias na qualidade do ar, com a regulação da composição química pelo balanço de gás carbônico, oxigênio e ozônio, potencializando o equilíbrio climático e combatendo o efeito estufa pela formação de vapor d'água (Bononi, 2004, p. 215).

Na questão da qualidade do ar, Press *et al.* (2006, p. 602) argumentam que:

> O maior dos fluxos de carbono [...] resulta da circulação atmosférica de CO_2 pelas plantas terrestres e animais por meio da fotossíntese, da respiração e da decomposição. As plantas recebem toda essa quantidade durante a fotossíntese e expelem cerca de metade dela de volta para a atmosfera. A outra metade é incorporada aos tecidos das plantas – folhas, madeiras e raízes. Os animais comem as plantas e os microrganismos promovem sua decomposição; ambos os processos oxidam os tecidos das plantas e respiram o CO_2.

Com foco no *Pinus*, Balbinot *et al.* (2008, p. 321) esclarecem que a retenção de carbono, *ceteris paribus*, em plantações com idades superiores a 15 anos pode representar uma fixação próxima dos 102,7 mg/ha^{-1}, considerando os experimentos realizados no sul do Paraná. De modo similar, Sette Jr., Nakajima e Geromini (2006) determinam que o estoque de carbono em plantações de 18 anos pode representar 109,9 mg/ha^{-1}. Nesse estudo, a madeira do fuste apresentou a maior contenção, entre 60% e 70% do total, seguidos dos acúmulos nas raízes, nos galhos vivos e acículas.

Embora representem fragmentos do que restaram dos ecossistemas, os espaços de retenção nas áreas de preservação permanente (APPs), somados aos das áreas de reserva legal (RL) e das áreas de reservas particulares do patrimônio natural (RPPNs), também contribuem para o sequestro de carbono.

1.2 Panorama mundial

1.2.1 Distribuição espacial da cultura

O quantitativo de florestas de *Pinus* espalhadas pelo mundo indica a existência de uma área total de aproximadamente 13,7 bilhões de hectares. A Europa aparece como detentora de 27% desse montante, a América do Sul de outros 23%, a África com 17%, a Ásia e a América do Norte com 14% cada, e a Oceania com 5% (Giri *et al.*, 2011).

Na organização das florestas plantadas, a maior densidade mundial está concentrada no continente asiático, com aproximadamente 61,92% da área, merecendo destaque os totais da China, Índia e Rússia, que somam mais da metade da oferta global. Em segundo lugar, tem-se a Europa com 17,11%, com relevância da Ucrânia, seguida pela América do Norte e América Central com 9,38%, com realce para os Estados Unidos. O continente sul-americano exibe o quarto território em dimensão, com destaque para o Brasil; por fim, constam o continente africano com 4,29% e a Oceania com 1,71% (Tab. 1.3).

Tab. 1.3 Área total de florestas plantadas no mundo em 2016

Região	Florestas plantadas	
	Área (mi ha)	Participação (%)
África	8,036	4,29
Ásia	115,847	61,92
Europa	32,015	17,11
América do Norte e Central	17,533	9,38
Oceania	3,201	1,71
América do Sul	10,455	5,59
Total	187,086	100

Fonte: adaptado de FAO (2018).

Em termos relativos, a cultura do Pinus exibe um arranjo que contempla aproximadamente 20% das áreas plantadas no mundo (FAO, 2018). Como mostra a Tab. 1.4, na estruturação territorial das florestas plantadas com Pinus, a Ásia e a América do Norte e Central despontam com importes superiores a 15 milhões de hectares, representando juntas 82,83% do total.

Tab. 1.4 Área total de florestas plantadas de Pinus no mundo em 2016

Região	Florestas plantadas de Pinus	
	Área (mi ha)	Participação (%)
África	1,648	4,41
Ásia	15,532	41,54
Europa	-	-
América do Norte e Central	15,440	41,29
Oceania	0,073	0,19
América do Sul	4,699	12,57
Total	37,391	100

Fonte: adaptado de FAO (2018).

A produção brasileira equivale a quase dois terços do observado para a América do Sul, cujo quantitativo equivale a 12,57% do total de florestas plantadas com Pinus no mundo.

1.2.2 Rentabilidade

As ponderações acerca da produtividade de florestas plantadas indicam a relevância (i) da análise da evolução da árvore em determinado período, apurada pelo incremento corrente (IC), análogo ao produto total (PT); (ii) do exame da variação do volume de madeira produzida em um preciso espaço de tempo, medida pelo incremento corrente anual (ICA), correlato ao produto médio (PMe); e (iii) da investigação do cálculo do volume total de madeira gerada em função da idade da floresta, avaliado pelo incremento médio anual (IMA), equivalente ao produto marginal (PMg) (Varian, 2006; Ferguson, 1990).

De modo amplo, na estruturação dos custos de produção do Pinus, devem ser considerados os gastos com o preparo do terreno, que abarcam a derrubada do enleiramento, a aração, a gradagem e o combate às formigas; os gastos com a aquisição de mudas, incluídos a compra de formicidas e os custos de transporte até a propriedade; os gastos com a contratação de mão de obra destinada ao plantio, ao enleiramento e ao combate a pragas; e os gastos com a manutenção, englobando o replantio, o coroamento, as roçadas, as podas de ramos e os desbastes. Na etapa final, com a derrubada das árvores e o estaleiramento, surgem os desembolsos com o transporte e os tributos, muitas vezes presentes ao longo do processo produtivo. No caso das receitas geradas durante o cultivo, os variados ciclos de desbastes proporcionam ganhos parciais, complementados com a finalização do projeto, após as vendas totais das áreas plantadas (Coelho; Coelho, 2012, p. 271).

Os resultados do IMA, expressos em m³/ha/ano, representam um ativo de crescimento automático, ou seja, mesmo sem intervenções humanas, os acréscimos acontecem, com a ressalva de que a produtividade das florestas plantadas pode ser alterada de acordo com os aportes de fertilização e irrigação (Gregory, 1987).

Em uma comparação de rendimentos entre três espécies de Pinus, selecionadas em dez países, o destaque recaiu sobre o desempenho da espécie Pinus taeda L., cujo IMA médio atingiu 23,3 m³/ha/ano, seguida por Pinus radiata D. Don., com 21,8 m³/ha/ano, e Pinus patula Schl. et Cham., com 16,5 m³/ha/ano (Tab. 1.5).

Tab. 1.5 Comparações de produtividade de plantações de várias espécies em países selecionados

Espécies	País	Uso	Rotação (anos)	IMA (m³/ha/ano)
Pinus taeda L.	Argentina	Toras	18	30
	Brasil	Toras	15	30
	Paraguai	-	20	32
	Uruguai	-	24	20
	Estados Unidos (sul)	-	30	15
	Estados Unidos (norte)	-	23	12,5
Pinus radiata D. Don.	Chile	Toras	22	30
	Chile	Celulose	16	20
	Nova Zelândia	Toras	28	17
	Nova Zelândia	Serraria	25	29
	Espanha	Toras	30	21
	Espanha	Serraria	38	14
Pinus patula Schl. Et Cham.	Colômbia	-	19	19
	África do Sul	Toras	30	14
Eucalyptus grandis	Argentina	-	15	35
	Brasil	Toras	15	40
	Paraguai	-	12	38
	África do Sul	-	16	32
	Uruguai	-	16	30

Fonte: adaptado de Mead (2013).

Na produção da espécie Pinus taeda L., o Brasil se destacou com nível de eficiência maior do que os demais países, considerando o ponto em que o incremento corrente anual (ICA) se iguala ao incremento médio anual (IMA), com a maximização do volume de madeira. O cálculo da produtividade da Argentina, do Paraguai, do Uruguai e do sul e do norte dos Estados Unidos indicou rendimentos com disparidades de eficiência de 20%, 25%, 140%, 300% e 280% respectivamente.

Nos cultivos de *Pinus radiata* D. Don. e *Pinus patula* Schl. et Cham., que exteriorizaram parâmetros menores para o IMA, as produções do Chile e da Colômbia se evidenciaram. No Brasil, as espécies possuem pouca representatividade, e em geral são descartadas em função de doenças que podem levar ao apodrecimento de raízes e de porções basais do tronco (Auer; Grigoletti; Santos, 2001).

Para efeito de ilustração, na análise do rendimento do *Eucalyptus grandis*, o Paraguai se destacou com nível de eficiência 18,75% maior que o do Brasil, muito embora a produção naquele país represente 0,11% da verificada no território brasileiro. A Argentina, bem como a África do Sul e o Uruguai, também apresentou rendimentos menores, com discrepâncias pontuais de 35,71%, 58,33% e 68,89%, nessa ordem.

O valor esperado da terra (VET), correlato ao valor presente líquido (VPL) e contextualizado num fluxo de caixa, representa a diferença entre os valores investidos e os valores previstos, indicando a melhor oportunidade de aplicação, enquanto a taxa interna de retorno (TIR) reflete a rentabilidade do projeto (Correia Neto, 2009).

Considerando os mesmos dez países e as três espécies de *Pinus*, as ponderações acerca do VET apontaram o melhor retorno financeiro para *Pinus taeda* L. e o Brasil em evidência com os melhores indicadores, conforme a Tab. 1.6. O VET revelou a geração de um excedente econômico do produto florestal da ordem de US$ 5.242,00 por hectare plantado, conjugado com o menor período de rotação (*payback*). Em paralelo, a TIR proporcionou um retorno de 20,8%, o que representa cerca de 11,9% de prêmio real sobre a taxa de mínima atratividade (TMA). A avaliação econômica da Argentina também apontou um VET positivo, calculado em US$ 3.202,00 por hectare plantado, e a TIR, do mesmo modo, garantiu um retorno de 11,1% acima da TMA. Nos demais países, o resultado desfavorável apareceu na produção dos Estados Unidos, tanto para a região norte quanto para a região sul, cujos VETs indicaram, na primeira, prejuízo de US$ –324,00 e, na segunda, ganho de US$ 171,00 por hectare plantado, conjugados com grandes incertezas de viabilidade dos projetos, considerando 23 e 30 anos de rotação, respectivamente (Tab. 1.6).

Os efeitos financeiros da produção do *Pinus radiata* D. Don. revelaram um melhor retorno na produção do Chile, com VET de US$ 2.782,00 por hectare plantado (toras), mas com estreitas margens de ganho real, presumido em 7,0% em um cenário de 22 anos para a recuperação do investimento. As produções da Nova Zelândia e da Espanha indicaram períodos de retorno dos capitais muito

Tab. 1.6 Comparação econômica de plantações de várias espécies em países selecionados

Espécies	País	Uso	Rotação (anos)	VET (US$/ha)	TIR (%)
Pinus taeda L.	Argentina	Toras	18	3.202	20,0
	Brasil	Toras	15	5.242	20,8
	Paraguai	-	20	1.658	12,8
	Uruguai	-	24	1.048	12,8
	Estados Unidos (sul)	-	30	171	8,5
	Estados Unidos (norte)	-	23	-324	6,9
Pinus radiata D. Don.	Chile	Toras	22	2.782	15,6
		Celulose	16	894	13,1
	Nova Zelândia	Toras	28	-230	7,6
		Serraria	25	1.215	9,5
	Espanha	Toras	30	NA	9,0
		Serraria	38	NA	5,8
Pinus patula Schl. Et Cham.	Colômbia	-	19	1.592	11,2
	África do Sul	Toras	30	1.862	11,1
Eucalyptus grandis	Argentina	-	15	3.178	18,2
	Brasil	Toras	15	8.311	25,5
	Paraguai	-	12	4.233	21,4
	África do Sul	-	16	2.872	12,4
	Uruguai	-	16	1.389	13,9

Notas: taxa de desconto de 8% ao ano; não incluídos os custos da terra.
Fonte: adaptado de Mead (2013).

elevados, com rentabilidades próximas de zero ou mesmo negativas. A avaliação do nível aceitável de risco para a inversão do capital depende da análise de outras opções nos mercados em questão.

Nas ponderações financeiras sobre o *Pinus patula* Schl. et Cham., a Colômbia apresentou um saldo monetário médio anual 35% superior ao observado na África do Sul com uma perspectiva de rotação da produção de 30 anos. Os resultados financeiros excederam a TMA, indicando 2,96% de ganhos no caso da Colômbia e 2,87% na condição da África do Sul, esta com elevados riscos.

Em paralelo, nas ponderações da espécie *Eucalyptus grandis*, o Brasil se destacou como a região que permite a obtenção do maior excedente econômico da produção florestal, com US$ 8.311,00 por hectare plantado, e também a maior viabilidade da TIR, estimada em 25,5%, com resultados que apontam ganhos de 16,2%, portanto, acima da TMA. As repercussões dos cálculos de VET e TIR para o Paraguai, a Argentina, a África do Sul e o Uruguai, considerando as mesmas circunstâncias, mostraram retornos positivos para a produção e viabilidade comparativa dos projetos florestais. O Paraguai novamente despontou como um importante *player* não só pelo volume, mas também pela eficiência financeira, demonstrada pelo tempo de recuperação do capital (*payback*), no caso, a rotação, e pelo ganho de 12,4% acima da TMA.

Um ponto a ser destacado, independentemente do nível da TMA, que foi estabelecida em 8% ao ano, está na comparação entre alternativas de investimento, isto é, na resiliência do decisor frente às possibilidades de aumento do risco no longo prazo. Nos exemplos da produção de *Pinus radiata* D. Don. na Nova Zelândia e na Espanha, com os respectivos quocientes indicando as utilizações da madeira como toras (TIR = 7,6%) e serraria (TIR = 5,8%), qualquer valor que garanta uma diferença entre TMA e TIR – compreendida na dimensão do risco como o limite superior – no mínimo igual à menor taxa do mercado para a aplicação do capital disponível será o suficiente para duas escolhas, uma de ganho operacional atrelada ao projeto e outra de ganho não operacional vinculada ao setor financeiro.

1.3 Considerações finais

O sistema produtivo brasileiro há muito esteve consorciado à exploração da madeira, com amplas variedades de espécies e climas adequados. A produção nacional avançou, mas as dificuldades de logística ainda representam obstáculos para o aumento da comercialização de madeira, nos mercados interno e externo.

A cultura do *Pinus* no Brasil apresentou como preâmbulo a chegada dos imigrantes europeus no século XIX, através dos quais as primeiras mudas foram plantadas na Região Sul, tendo como origem a Europa e a região do Mediterrâneo.

Durante os anos de 1960, a atuação do governo federal, pela concessão de subsídios e incentivos fiscais, direcionou recursos do orçamento para a análise e o desenvolvimento tecnológico, com avanços na genética, na manipulação de matérias-primas e na organização empresarial. A consolidação do IBDF e as parcerias com as universidades e institutos de pesquisa proporcionaram a formação de uma consistente base florestal, vinculada à adoção de práticas socioambientais.

No início dos anos 2000, a oferta mundial de produtos derivados de florestas equiâneas superou a de florestas inequiâneas; no Brasil, essa proporção alcançou o patamar de 3,1 vezes maior, com uma empregabilidade acima dos 10% quando comparada aos totais do setor florestal.

Atualmente, na distribuição espacial do *Pinus* no mundo, as regiões da Ásia e da América do Norte e Central agregam quase 83% do total de florestas plantadas. Já o Brasil desponta como responsável por pouco menos de dois terços da área cultivada na América do Sul, que responde por 12,57% do total mundial.

No Brasil, as plantações de *Pinus* ocupam uma área equivalente a 1,6 milhão de hectares, com relevâncias para as espécies *Pinus taeda* L. e *Pinus radiata* D. Don., tanto nas avaliações dos incrementos médios anuais quanto nos retornos financeiros. Entre os Estados, os destaques recaem sobre as produções do Paraná, Santa Catarina, Rio Grande do Sul e São Paulo, que congregam quase 96,74% da área plantada.

Os cálculos de produtividade do Pinus indicaram a espécie Pinus taeda L. como a de maior IMA, seguida por Pinus radiata D. Don. e Pinus patula Schl. et Cham. No rendimento físico da produção de Pinus taeda L., o Brasil apresentou um nível de eficiência de até 20% superior ao verificado para a Argentina, 25% em relação ao do Paraguai, 140% ao do Uruguai e até 300% superior ao dos Estados Unidos.

Na análise econômica, o Brasil se destaca na produção do Pinus taeda L., com o qual despontou com os maiores quantitativos de VET e TIR, garantindo retornos financeiros reais de 16,8% e 11,8%, respectivamente, indicando baixo risco para as inversões financeiras, fator importante devido à natureza de longo prazo das culturas florestais e à necessidade de eficiência intertemporal, conjugada aos princípios de sustentabilidade ambiental.

Em tempo, o presente capítulo não possui a pretensão de detalhar todos os desdobramentos históricos e econômicos relacionados à cultura do Pinus, nem de estabelecer limites para a análise das variáveis correlacionadas ao risco e ao retorno. Embora o exame financeiro contenha propriedades teóricas sólidas, a apresentação da estrutura presumida de custos e receitas deixa em aberto um caminho a ser trilhado em pesquisas futuras, com a agregação de outras espécies e países.

Referências bibliográficas

AUER, C.; GRIGOLETTI JR., A.; SANTOS, A. F. dos. *Doenças em pínus*: identificação e controle. Colombo/PR: Embrapa Florestas, 2001.

BALBINOT, R. *et al*. Estoque de carbono em plantações de Pinus spp. em diferentes idades no sul do estado do Paraná. *Revista Floresta*, Curitiba, PR, v. 38, n. 2, abr./jun. 2008.

BONONI, V. L. R. Controle ambiental de áreas verdes. In: PHILIPPI JR. A.; ROMÉRO, M. de A.; BRUNA, G. C. *Curso de Gestão Ambiental*. Barueri/SP: Manole, 2004.

BRASIL. Presidência da República. Decreto-Lei nº 289, de 28 de fevereiro de 1967. *Diário Oficial da União*, Brasília, DF, 28 fev. 1967. Disponível em: http://www.planalto.gov.br/ccivil_03/Decreto-Lei/1965-1988/Del0289.htm. Acesso em: mar. 2018.

CESAR, C. P. *Instituto Brasileiro de Desenvolvimento Florestal*: um estudo evolutivo das competências da instituição. 2010. Monografia (Graduação em Engenharia Florestal) – Universidade Federal Rural do Rio de Janeiro, Seropédica/RJ, 2010. Disponível em: http://www.if.ufrrj.br/inst/monografia/2009II/Cristopher.pdf.

COELHO, M. H.; COELHO, M. R. F. Potencialidades econômicas de florestas plantadas de Pinus elliottii em pequenas propriedades rurais. *Revista Paranaense de Desenvolvimento*, Curitiba, PR, n. 123, p. 257-278, jul./dez. 2012.

CORREIA NETO, J. F. *Elaboração e avaliação de projetos de investimentos*: considerando o risco. Rio de Janeiro: Elsevier, 2009.

DOSSA, D.; SILVA, H. D. da; BELLOTE, A.; RODIGHERI, H. R. *Produção e rentabilidade de Pinus em empresas florestais*. Colombo: Embrapa Florestas, 2002 (Comunicado técnico 82). Disponível em: https://ainfo.cnptia.embrapa.br/digital/bitstream/CNPF-2009-09/32744/1/com_tec82.pdf. Acesso em: fev. 2018.

FAO – FOOD AND AGRICULTURE ORGANIZATION OF THE UNITED NATIONS. *Global data on forest plantations resources*. 2018. Disponível em: http://www.fao.org/docrep/004/Y2316E/y2316e0b.htm. Acesso em: mar. 2018.

FERGUSON, C. E. *Microeconomia*. Rio de Janeiro: Florence Universitária, 1990.

FGV – FUNDAÇÃO GETÚLIO VARGAS. *Produto interno bruto*: valores correntes. Centro de Contas Nacionais. 1947-2014. Disponível em: https://seriesestatisticas.ibge.gov.br/series.aspx?t=produto-interno-bruto&vcodigo=SCN52. Acesso em: mar. 2018.

GIRI, E. et al. Status and distribution of mangrove forests of the world using earth observation satellite datageb. *Global Ecology and Biogeography*, v. 20, n. 1, p. 154-159, 2011. Disponível em: https://onlinelibrary.wiley.com/doi/10.1111/j.1466-8238.2010.00584.x. Acesso em: mar. 2018.

GREGORY, G. R. *Forest resource economics*. Nova Jersey: Wiley, 1987.

IBÁ – INDÚSTRIA BRASILEIRA DE ÁRVORES. *Atuação global*. 2017. Disponível em: https://www.iba.org/atuacao-global.php. Acesso em: mar 2018.

IBGE – INSTITUTO BRASILEIRO DE GEOGRAFIA E ESTATÍSTICA. *Séries estatísticas retrospectivas*. O Brasil, suas riquezas naturais, suas indústrias. Rio de Janeiro: Fundação IBGE, 1986. v. 2.

KLOCK, U. *Curso de engenharia industrial madeireira*. 2008. 20 f. Trabalho final de disciplina (Graduação em Engenharia Industrial Madeireira) – Universidade Federal do Paraná, Curitiba, 2008.

KOHLER, S. V.; KOHLER, H. S.; FIGUEIREDO FILHO, A.; ARCE, J. E. Evolução do sortimento em povoamentos de Pinus taeda nos estados do Paraná e Santa Catarina. *Revista Floresta*, Curitiba, PR, v. 45, n. 3, p. 545-554, jul./set. 2015.

KRONKA, F. J. N.; BERTOLANI, F.; PONCE, R. H. *A cultura do Pinus no Brasil*. São Paulo: Sociedade Brasileira de Silvicultura, 2005.

MDIC – MINISTÉRIO DO DESENVOLVIMENTO INDÚSTRIA E COMÉRCIO. *Balança comercial*. mar. 2018. Disponível em: <http://www.mdic.gov.br/index.php/comercio-exterior/estatisticas-de-comercio-exterior/balanca-comercial-brasileira-acumulado-do-ano?layout=edit&id=3056>. Acesso em: mar. 2018.

MEAD, D. J. *Sustainable management of Pinus radiate plantations*. Roma: FAO, 2013. Disponível em: http://www.fao.org/3/a-i3274e.pdf. Acesso em: mar. 2018.

MENDES, L. et al. *Anuário Brasileiro da Silvicultura*. Santa Cruz do Sul: Editora Gazeta, 2016. Disponível em: http://www.abaf.org.br/wp-content/uploads/2016/04/anuario-de--silvicultura-2016.pdf. Acesso em: mar. 2018.

MMA – MINISTÉRIO DO MEIO AMBIENTE. Sistema Florestal Brasileiro (SFB). Sistema Nacional de Informações Florestais (SNIF). *Boletim SNIF 2016*. 2 ed. Brasília: MMA, 2016. v. 1.

MTE – MINISTÉRIO DO TRABALHO E EMPREGO. *Cadastro geral de empregados e desempregados* (CAGED). mar. 2018. Disponível em: <http://bi.mte.gov.br/eec/pages/consultas/evolucaoEmprego/consultaEvolucaoEmprego.xhtml#relatorioSetor>. Acesso em: mar. 2018.

PRESS, F.; SIEVER, R.; GROTZINGER, J.; JORDAN, T. H. *Para entender a Terra*. Porto Alegre: Bookman, 2006.

SETTE JR., C. R.; NAKAJIMA, N. Y.; GEROMINI, M. P. Captura de carbono orgânico em povoamentos de Pinus taeda L. na região de Rio Negrinho, SC. *Revista Floresta*, Curitiba, PR, v. 36, n. 1, jan./abr. 2006.

SFB – SERVIÇO FLORESTAL BRASILEIRO. Sistema Nacional de Informações Florestais (SNIF). *As florestas plantadas*. 2020. Disponível em: https://snif.florestal.gov.br/pt-br/florestas-plantadas/405-as-florestas-plantadas. Acesso em: mar. 2023.

SFB – SERVIÇO FLORESTAL BRASILEIRO. Sistema Nacional de Informações Florestais (SNIF). *Boletim 2017 sobre Recursos Florestais no Brasil*. 2017. Disponível em: https://snif.florestal.gov.br/images/pdf/publicacoes/boletim_snif_2017.pdf. Acesso em: mar. 2018.

SFB – SERVIÇO FLORESTAL BRASILEIRO. Sistema Nacional de Informações Florestais (SNIF). *Extração de produtos florestais madeireiros*. 2018a. Disponível em: https://dados.agricultura.gov.br/dataset/snif/resource/e5bbe082-d8e9-4f10-bdf2-9bb133926231. Acesso em: mar. 2018c.

SFB – SERVIÇO FLORESTAL BRASILEIRO. Sistema Nacional de Informações Florestais (SNIF). *Extração de produtos florestais não madeireiros*. 2018b. Disponível em: https://dados.agricultura.gov.br/dataset/snif/resource/e39d2b0f-b804-4263-b6ec-d2ca-36920ab9. Acesso em: mar. 2018.

SFB – SERVIÇO FLORESTAL BRASILEIRO. Sistema Nacional de Informações Florestais (SNIF). *Florestas plantadas*. IBGE, 2014-2016. Disponível em: https://dados.agricultura.gov.br/dataset/snif/resource/65cce855-685e-4cfa-b3a4-2d192fc83b4e. Acesso em: mar. 2018.

SFB – SERVIÇO FLORESTAL BRASILEIRO. Sistema Nacional de Informações Florestais (SNIF). *Produção*. 2018c. Disponível em: https://snif.florestal.gov.br/pt-br/producao. Acesso em: mar. 2018.

SHIMIZU, J. Y. *Pínus na silvicultura brasileira*. Colombo: Embrapa Florestas, 2008.

SOUZA, N. de J. *Desenvolvimento econômico*. São Paulo: Atlas, 2007.

SUASSUNA, J. A cultura do *Pinus*: uma perspectiva e uma preocupação. *Revista Brasil Florestal*, ano VIII, n. 29, jan./mar. 1977. Disponível em: https://www.gov.br/fundaj/pt-br/destaques/observa-fundaj-itens/observa-fundaj/artigos-de-joao-suassuna/a-cultura-do-pinus-uma-perspectiva-e-uma-preocupacao. Acesso em: fev. 2018.

TUOTO, M.; HOEFLICK, V. A. A indústria florestal brasileira baseada em madeira de *Pinus*: limitações e desafios. *In*: SHIMIZU, J. Y. Pinus *na silvicultura brasileira*. Embrapa Florestas: Colombo/PR, 2008.

VARIAN, H. R. *Microeconomia*: conceitos básicos. Rio de Janeiro: Elsevier, 2006.

VITAL, M. H. F. Florestas independentes nos Brasil. *BNDES Setorial*, Produtos florestais, Rio de Janeiro, n. 29, p. 77-130, mar. 2009.

2

Recomendação de espécies e genótipos

*Caio Varonill de Almada Oliveira, Carla Aparecida de Oliveira Castro,
Gleidson Guilherme Caldas Mendes, Glêison Augusto dos Santos, Laércio Couto*

As espécies do gênero *Pinus* tiveram origem nas regiões norte da Eurásia ou da América há 250 milhões de anos, no período Triássico. A partir de então, suas espécies se dispersaram, espalhando-se pelos continentes asiático e europeu, bem como pelo americano, chegando até a América Central e o Caribe, onde se formou um centro secundário de evolução e especiação (Kageyama; Caser, 1982; Mirov, 1967). De forma geral, as espécies de *Pinus* spp. possuem ocorrência natural nos países localizados no Hemisfério Norte. Apenas a espécie *P. merkusii* ocorre naturalmente no Sul, mais especificamente na Ilha Java, localizada na Indonésia.

O gênero *Pinus* pertence à subdivisão das gimnospermas, ordem Coniferae, e é o mais antigo e importante gênero da família Pinaceae. Hoje abrange mais de 126 espécies florestais catalogadas que, historicamente, possuem elevado valor econômico e social (Missio et al., 2015). Além disso, as espécies do gênero *Pinus* também apresentam relevância ambiental, pois afetam os ecossistemas de formas variadas: interferem nos processos biogeoquímicos e hidrológicos, fornecem alimentos, criam hábitats para os animais e contribuem diretamente para a redução da exploração de florestas nativas.

O tronco das espécies de *Pinus* spp. apresenta anéis de crescimento bem definidos e, em geral, é retilíneo e possui canais resiníferos, a partir dos quais é possível extrair resina. Sua madeira é de coloração clara, que varia de branca a amarelada; apresenta densidade relativamente alta (460 kg/m^3, em média) e fibras longas, possibilitando a fabricação de papéis de alta resistência. O ritidoma é espesso, áspero e sulcado, de coloração marrom (Fig. 2.1). Todavia, algumas espécies possuem casca mais fina e escamosa, como o *P. patula*, o que pode conferir menor resistência da espécie ao fogo.

As copas das árvores possuem formato piramidal, com ramos horizontais, agrupados em verticilos. Em árvores adultas, a copa pode ser achatada, redonda ou espalhada. O sistema radicular é superficial e pode se desenvolver em solos

Fig. 2.1 Demonstração da morfologia do tronco *Pinus taeda*, com ênfase na homogeneidade e alta produtividade de um plantio de famílias de polinização massal controlada (PMC), com 15 anos de idade

rasos (Silva *et al.*, 2012). A desrama ocorre de forma natural, porém com maior dificuldade do que em espécies do gênero *Eucalyptus*.

As folhas são escamiformes ou aciculadas e encontram-se agrupadas em fascículos, sendo que cada um agrupa de duas a cinco acículas. As acículas podem ser longas ou curtas, dependendo da espécie, de coloração verde-amarelada, com bordas serrilhadas e envoltas por queratina. A presença de queratina evita a perda excessiva de água, permitindo a permanência das acículas por até três anos.

As espécies do gênero *Pinus* apresentam órgãos reprodutivos masculinos e femininos no mesmo indivíduo, portanto, são classificadas como monoicas. Sua fase de reprodução ocorre a partir dos cinco anos de idade. As estruturas reprodutivas são do tipo estrobiliforme, com predominância das masculinas (microestróbilo) na parte inferior da copa e em menor tamanho, e as femininas (macroestróbilo) na porção superior da copa (Moraes *et al.*, 2007). Os microestróbilos são cilíndricos e estreitos, e caem após a liberação do grão de pólen.

A polinização é realizada pelo vento (anemofilia) e seu sistema reprodutivo é preferencialmente alógamo, pois mais de 88% dos indivíduos realizam fecundação cruzada. Entretanto, na literatura constam relatos de indivíduos com sistema reprodutivo misto, que apresentam taxa de autofecundação variando de 0 (*P. pungens* e *P. taeda*) a 51% (*P. merkusii*) (Shimizu, 2008).

O desenvolvimento dos cones leva em média 18 meses para se completar nas espécies de *Pinus* spp., considerando desde a fecundação do estróbilo feminino até a formação dos frutos e sementes. Por isso, essas espécies são classificadas como bimodais. Os frutos possuem formato de cone com escamas carpelares, as quais se desenvolvem até o momento em que se lignificam (Fig. 2.2). As sementes

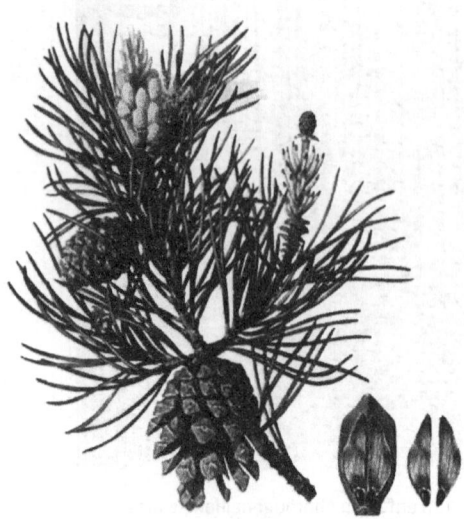

Fig. 2.2 Imagem ilustrativa de ramo de *P. sylvestris* contendo estróbilos femininos e masculinos em diferentes fases de desenvolvimento, além da representação da liberação do pólen e das sementes aladas
Fonte: adaptado de Leubner (2000).

desse gênero possuem forma alada. Em pomares, a produtividade média de sementes varia de 0,3 kg a 1,0 kg por árvore, o que equivale a cerca de 30 kg a 80 kg de sementes por hectare, dependendo do local. Cones maduros possuem de 20 a 200 sementes, e a viabilidade varia de 15% a 100%. O número de sementes por quilograma varia, em média, de 20.000 a 50.000 unidades.

2.1 Recomendação de espécies de *Pinus* spp. quanto ao uso

As principais espécies do gênero *Pinus* introduzidas no Brasil foram trazidas por imigrantes europeus em meados do século XIX, com finalidade ornamental. Todavia, o sucesso de sua adaptação às condições edafoclimáticas no País fizeram com que o reflorestamento com essas espécies se expandisse exponencialmente ao longo dos anos.

Essa capacidade do gênero em se adaptar a diferentes condições climáticas é resultado da ampla variação de locais onde as espécies possuem centros de origem. Tal fator proporcionou o aumento da variabilidade genética entre e dentro das espécies e, como consequência, a adaptação do gênero a diversas condições ecológicas, o que favorece o seu cultivo comercial em várias regiões brasileiras (Lucas-Borja; Vacchiano, 2018).

Por tal motivo, o interesse pela silvicultura das espécies do gênero vem se consolidando de forma expressiva no Brasil, sobretudo em regiões de climas temperado, subtropical e tropical, com destaque para as áreas do Sul e Sudeste. Atualmente, os plantios de espécies de *Pinus* spp. ocupam aproximadamente 1,93 milhão de hectares (19,4% da área total de florestas plantadas no País), e o gênero é considerado o segundo mais plantado no território brasileiro (IBÁ, 2022).

Com a crescente expansão dos plantios comerciais, informações sobre a ocorrência natural das espécies de *Pinus* spp., a adaptação de cada uma delas às diferentes condições edafoclimáticas e suas potencialidades de uso mostram-se de grande relevância. Nesse sentido, é preferível a escolha de materiais cuja ocorrência natural seja similar aos locais de plantio, principalmente quanto à temperatura, umidade relativa do ar, diferenças fotoperiódicas, precipitação anual e distribuição das chuvas durante os anos. Esses fatores são fundamentais para a obtenção de uma produtividade satisfatória das espécies.

Dessa forma, para facilitar a recomendação de espécies adequadas para diferentes locais, leva-se em consideração a subdivisão entre as que são naturais de regiões temperadas, subtropicais e tropicais (Medeiros; Florindo, 2017; Souza *et al.*, 2016). Os *Pinus* naturais de regiões temperadas e subtropicais são adaptados aos locais de grandes altitudes, com temperaturas mais baixas, nos quais podem ocorrer eventos climáticos como neve ou geadas; alguns exemplos são *P. elliottii*, *P. taeda*, *P. echinata* e *P. radiata*. As espécies tropicais ocorrem em regiões litorâneas, com maior incidência de calor, e apresentam maior tolerância ao déficit hídrico, sendo alguns exemplos as espécies *P. caribaea*, *P. chiapensis*, *P. maximinoi*, *P. oocarpa* e *P. tecunumanii*.

Dessa forma, o gênero *Pinus* vem sendo cultivado para diversos fins, o principal sendo a produção de celulose de fibra longa, chapas, energia, móveis, resina e serraria. O Quadro 2.1 contém indicações de algumas espécies do gênero para o cultivo em função dos usos citados.

Quadro 2.1 Indicação de espécies do gênero *Pinus* para cultivo em função de diferentes usos

Usos	Espécies potenciais
Celulose	*P. taeda*, *P. radiata*, *P. caribaea*, *P. maximinoi*, *P. patula*, *P. tecunumanii*, *P. virginiana*, *P. strobus* e *P. echinata*
Chapas	*P. caribaea*, *P. chiapensis*, *P. maximinoi*, *P. oocarpa*, *P. tecunumanii* e *P. taeda*
Energia	*P. caribaea* var. *hondurensis*, *P. caribaea* var. *bahamensis*, *P. oocarpa* e *P. roxburghii*
Móveis	*P. taeda* e *P. elliottii*
Resina	*P. elliottii*, *P. tecunumanii*, *P. caribaea* var. *hondurensis*, *P. caribaea* var. *bahamensis*, *P. pinaster*, *P. sylvestris*, *P. oocarpa*, *P. kesiya*, *P. merkusii*, *P. patula*, *P. montezumae*, *P. palustris*, *P. ponderosa*, *P. roxburghii*, *P. pseudostrobus*, *P. leiophylla*, *P. hartwegii* e *P. echinata*
Serraria	*P. taeda*, *P. patula*, *P. elliottii*, *P. palustris*, *P. oocarpa*, *P. maximinoi*, *P. caribaea* var. *hondurensis*, *P. caribaea* var. *bahamensis*, *P. caribaea* var. *caribaea*

Fonte: baseado em Iwakiri *et al.* (2001) e Marto, Barrichelo e Müller (2006).

2.2 Principais espécies plantadas no Brasil

Os avanços em pesquisas de genética e melhoramento permitiram selecionar espécies de rápido crescimento e com características anatômicas e de tecnologia da madeira que possibilitassem a geração de produtos florestais de qualidade, utilizando espécies do gênero *Pinus*. O Brasil tem sido referência mundial no cultivo dessas espécies, pois possui um valor médio de produtividade igual a 29,7 m³/ha/ano (IBÁ, 2022), um dos maiores do globo. Contudo, à exceção da Região Sul, onde se encontram as melhores condições de solo e clima para o cultivo, a área plantada com espécies do gênero Pinus não tem se expandido de forma expressiva nos últimos anos, principalmente devido ao aumento da relevância do cultivo das espécies de eucalipto pela indústria de papel e celulose e empresas siderúrgicas.

Atualmente, as principais espécies do gênero plantadas no Brasil são P. taeda, P. elliottii, P. caribaea em suas três variedades caribaea, hondurensis e bahamensis, P. oocarpa, P. tecunumanii, e P. maximinoi. A seguir, discorre-se sobre as principais características dessas espécies.

2.2.1 Pinus taeda

O P. taeda Linnaeus, 1753, é considerado a principal conífera para a produção de diversos produtos na Região Sul do Brasil, por ser uma espécie subtropical que vem sendo amplamente plantada e com adaptação adequada à região. Seu destaque deve-se à tolerância a geadas, apresentando rápido crescimento e qualidade de madeira que permite o seu uso para a produção de papel e celulose, chapas e madeiras do tipo serrada e constituída.

Essa espécie possui ampla distribuição natural no sul e sudeste dos Estados Unidos, abrangendo 12 Estados do país (Nova Jersey, Flórida, Texas, Arkansas, Oklahoma, Vale do Mississipi e Tennessee, entre outros), que estão localizados entre as latitudes de 29° N até 38° N e as longitudes de 75° W e 95° W (Barrichelo et al., 1977). Em sua região de origem, desenvolve-se desde o nível do mar até altitudes superiores a 600 metros. A espécie é popularmente conhecida nos Estados Unidos como loblolly pine (Chhatre et al., 2013).

Em face da ampla distribuição geográfica dessa espécie, podem existir variações genéticas entre as procedências, influenciadas pelas diferenças ambientais existentes entre elas (González-Martínez et al., 2007). Dessa forma, o P. taeda L. possui ampla variabilidade intraespecífica que lhe confere valores distintos de altura e diâmetro, que podem alcançar até 50 m e 120 cm, respectivamente, a depender de sua adaptação.

2.2.2 Pinus elliottii

O P. elliottii Engelmann, 1880, também é uma espécie subtropical originária do sudeste dos Estados Unidos, onde é conhecida como slash pine, ou American pitch pine (Dieters; White; Hodge, 1995). Ocorre naturalmente na região que abrange do sul do Estado da Carolina do Sul até a Flórida, entre as latitudes de 33° N até 30° N e em altitudes que variam entre 0 e 150 metros (Pait; Flinchum; Lantz, 1991). A temperatura média anual desses locais varia de 15 °C a 24 °C, e a precipitação média anual de 650 mm a 2.500 mm, com, no máximo, dois a quatro meses de seca (Critchfield; Little, 1966). Além disso, em condições naturais, P. elliottii encontra-se em solos rasos e arenosos.

Existem duas variedades dessa espécie: *P. elliottii* var. *elliottii* e *P. elliottii* var. *densa*. Esta última ocorre somente numa pequena área no extremo sul da Flórida e tem pouca importância para os setores de produção. Já o *P. elliottii* var. *elliottii* possui maior abrangência natural e alcança alturas de 20 m a 30 m e diâmetros entre 60 cm e 90 cm. Apesar de apresentar menor produtividade do que o *P. taeda* e de não ser uma espécie cultivada para a produção de celulose e papel, *P. elliottii* var. *elliottii* apresenta características de importância para o setor florestal, como a boa densidade e qualidade mecânica e física da madeira, que permitem o seu uso na fabricação de produtos estruturais utilizados na construção civil, em marcenarias, pois apresentam poucos ramos e nós na madeira, e na produção de embalagens.

Essa espécie também é amplamente utilizada para a produção de resina em larga escala nas Regiões Sudeste e Sul do Brasil (Aguiar et al., 2011; Missio et al., 2015). Para obter procedências adequadas para plantio com a finalidade de produção de resina, deve-se recorrer a materiais genéticos do norte da Flórida, pois se sabe que estes apresentam melhor desempenho (Shimizu; Spir, 1999).

2.2.3 Pinus caribaea

A espécie *P. caribaea* Morelet, 1851, apresenta rápido crescimento na região tropical do Brasil e produz madeira de boa qualidade. Essa espécie está entre as mais exploradas economicamente para a produção de madeira serrada e resina. Além disso, pode ser utilizada para fabricação de papel, carvão e compensados (Aguiar et al., 2011).

O *P. caribaea* compreende três variedades: *P. caribaea* Morelet var. *caribaea* Morelet, procedente do litoral atlântico da América Central (Cuba); *P. caribaea* Morelet var. *hondurensis* Barrett et. Golfari, da região continental centro-americana; e *P. caribaea* Morelet var. *bahamensis* Barrett et. Golfari, das ilhas Bahamas (Mirov, 1967). As três variedades podem ser plantadas no Cerrado e em regiões de clima tropical, podendo inclusive se estender para a Região Sul, desde que as geadas não sejam severas (Fritzsons; Mantovani; Aguiar, 2013).

A variedade *caribaea* apresenta-se naturalmente em regiões com altitudes de até 280 m, inverno seco, temperatura média anual variando de 5 °C a 25 °C, precipitação pluviométrica média anual de 750 mm a 1.300 mm e solos ácidos (pH 4,5 a 6,0). Algumas de suas características são o fuste retilíneo e ramos finos, apesar de numerosos. Essa variedade é recomendada para a produção de madeira e resina em regiões quentes.

A variedade *hondurensis* é distribuída naturalmente em regiões com precipitação e temperatura médias anuais variando de 670 mm a 2.400 mm e de 22 °C a 27 °C, respectivamente. Essa ampla variação climática reflete na adaptação de algumas procedências ao déficit hídrico, sendo possível cultivar algumas delas em regiões que possuem precipitação acumulada a partir de 200 mm ao ano, e com máximo crescimento em locais com precipitação média anual acima de 1.500 mm. Sua madeira apresenta densidade entre 480 e 530 kg/m^{-3}, e é de grande utilidade em geral (Moraes Neto; Duboc, 2008). Além disso, ela produz resina em quantidade viável para a exploração comercial. Essa variedade está entre as espécies tropicais mais plantadas do gênero e o seu uso comercial tem se expandido em diversas regiões do mundo (Aguiar et al., 2011). A variedade *hondurensis* pode ser recomendada para toda a região tropical brasileira.

A variedade *bahamensis* é importante para a produção de madeira e resina na Região Sudeste do Brasil. Entretanto, de forma geral, é menos cultivada quando comparada a outras variedades. Ocorre em regiões de clima tropical, subúmido, com temperatura média de 25 °C e chuvas anuais de 700 mm a 1.300 mm, praticamente ao nível do mar (Fritzsons; Mantovani; Aguiar, 2013). O crescimento dessa variedade é intermediário entre o de *P. caribaea* var. *caribaea* e o de *P. elliottii*. Ela apresenta melhor crescimento em regiões de altitudes maiores do que 700 m. Sua madeira, por ser mais densa, é de melhor qualidade física e mecânica do que a da variedade *hondurensis* (Shimizu; Sebbenn, 2008).

2.2.4 Pinus oocarpa

A espécie *P. oocarpa* Schiede ex Schlechtendal, 1838, é originária do México e da América Central e apresenta distribuição natural no sentido noroeste-sudeste bem extensa, totalizando uma distância de 3.000 km (Aguiar et al., 2011). O seu hábitat natural varia desde clima temperado-seco, com precipitação média acumulada entre 500 mm e 1.000 mm, até subtropical úmido, com precipitação em torno de 3.000 mm anuais. Em locais de baixa altitude ou na planície costeira, essa espécie tem crescimento lento, com má formação de fuste, além de se tornar suscetível a várias doenças.

Seu melhor desempenho no Brasil é encontrado no planalto, especialmente no bioma Cerrado, dada a sua tolerância à seca. As vantagens dessa espécie são a facilidade de propagação e o fato de sua madeira ser moderadamente dura e resistente, de alta qualidade para a produção de celulose e de peças serradas para construções e confecção de chapas (Morais; Nascimento; Melo, 2005; Moura; Dvorak; Hodge, 1998). Além de madeira, essa espécie produz resina em quantidade viável para extração comercial e muitas sementes, o que facilita a expansão dos seus plantios.

2.2.5 Pinus tecunumanii

O *P. tecunumanii* Eguiluz et Perry, 1983, ocorre naturalmente desde o sul do México até a Nicarágua e pode alcançar mais de 50 m de altura e até 1,20 m de diâmetro. Os povoamentos naturais são encontrados em altitudes entre 1.500 m e 2.800 m, sendo eles de aparência semelhante ao *P. patula*. Em altitudes de 600 m a 1.500 m, essa espécie apresenta certa semelhança com P. caribaea e P. oocarpa; inclusive, diversas procedências das regiões de Camelias, Yucul e San Rafael, na Nicarágua, e Mountain Pine Ridge, em Belize, foram confundidas com variações geográficas de P. oocarpa. As procedências de altitudes maiores que 1.500 m têm apresentado alta suscetibilidade à quebra de fuste pelo vento.

O P. tecunumanii também é uma espécie tropical adaptada às condições edafoclimáticas do Brasil (Shimizu, 2008). Além disso, possui características vantajosas ao uso comercial, visto que apresenta boa forma de fuste, pouca incidência de rabo-de-raposa (*foxtail*) e crescimento mais rápido que o de P. oocarpa, permitindo a diferenciação dessas espécies.

Sua madeira é de excelente qualidade, com densidade maior que 400 kg/m^3 e menor teor de resina. Além disso, a espécie começa a se formar como adulta a partir dos dez anos de idade, aproximadamente, e tem boa homogeneidade. Apresenta, portanto, variação interna em densidade da madeira, substancialmente menor do que em outras espécies como P. patula e P. taeda, tanto no sentido medula-casca quanto no sentido longitudinal do tronco (Shimizu; Sebbenn, 2008).

2.2.6 Pinus maximinoi

A ocorrência natural de P. maximinoi H. E. Moore, 1966, estende-se do México à Nicarágua, entre as latitudes 24° N e 12° 45' N e longitudes 89° 40' W e 106° 20' W. As altitudes dessas regiões variam de 1.070 m a 2.300 m, em zonas com precipitação média anual entre 1.235 mm e 2.910 mm e temperatura média anual entre 17 °C e 23 °C (Agudelo, 1990; Ettori; Sato; Shimizu, 2004). Apesar de ser uma espécie de regiões subtropicais, possui baixa resistência a geadas e deve ser plantada em regiões com clima mais ameno. É a segunda espécie do gênero entre as mais comuns na América Central (Santos et al., 2018).

Sua madeira possui coloração clara, alta resistência e pode ser utilizada em indústrias de chapas, celulose, painéis de fibras e de partículas, fósforos e palitos. A espécie P. maximinoi também pode ser cultivada para a produção de madeira serrada, dada a boa forma de seu fuste (Malan, 2006).

Conforme descrito, o grande número de procedências do gênero Pinus torna possível a obtenção de espécies com diferentes características tecnológicas de madeira e com exigências particulares em relação às condições edafoclimáticas das regiões, para que possam se adaptar e gerar produtividade. Em função disso, esforços devem ser concentrados na escolha adequada de espécies para cada local e finalidade. O estudo da procedência e plasticidade genética das espécies aos diferentes ambientes constitui-se como metodologia bastante utilizada e é de fundamental importância para os programas de melhoramento florestal do gênero (Shimizu; Pinto Júnior, 1988).

2.3 Híbridos potenciais

A obtenção de híbridos entre espécies de Pinus spp. é uma estratégia que vem sendo empregada para alcançar incrementos significativos em produtividade e qualidade da madeira. Alguns exemplos de cruzamentos bem-sucedidos são a combinação das espécies *P. elliottii* × *P. caribaea* var. *hondurensis* e *P. caribaea* var. *hondurensis* × *P. tecunumanii* (Morais; Nascimento; Melo, 2005). Os híbridos obtidos de forma controlada têm apresentado bom potencial de crescimento em regiões do Brasil onde não ocorrem geadas severas, tais como norte do Paraná, São Paulo, Minas Gerais e Mato Grosso do Sul.

Além disso, esses híbridos apresentam como vantagens o alto vigor, devido à heterose existente do cruzamento divergente entre as espécies desse gênero, e também a melhor habilidade de enraizamento quando comparada à dos Pinus subtropicais advindos de espécies puras (*P. taeda*, *P. radiata* e *P. elliottii*). Esses resultados facilitam o trabalho de propagação em escala comercial, seja de famílias ou de clones desses híbridos, fazendo com que esses materiais genéticos surjam como alternativas para melhorar a produtividade, inclusive em áreas com ocorrência de déficit hídrico (Aguiar et al., 2011).

Cabe ainda ressaltar que poucas famílias híbridas de Pinus spp. foram desenvolvidas no Brasil até o momento, e um número ainda menor é utilizado para plantios comerciais, havendo um amplo espaço para o aumento na hibridação no gênero Pinus. A partir dessa hibridação, será possível produzir um maior número de famílias, envolvendo o cruzamento com diferentes espécies, como *P. maximinoi*, *P. patula*, entre outros (Almeida et al., 2014).

2.4 Melhoramento genético de Pinus

Ao longo dos últimos 30 anos, as empresas do setor florestal brasileiro que se dedicam ao plantio de espécies do gênero Pinus tiveram como meta, em seus programas de melhoramento, a seleção e recombinação de genótipos superiores e divergentes, visando explorar os valores genéticos aditivos, que são passados apenas por cruzamento. As formas mais difundidas para a distinção entre a variabilidade ambiental e a genética são os testes combinados entre procedências e progênies, os quais são amplamente explorados nos programas de melhoramento genético de Pinus spp., pois permitem estimar parâmetros genéticos e fenotípicos e predizer o valor genético de um conjunto de indivíduos (Ishibashi; Martinez; Higa, 2017; Shalizi et al., 2023).

As estratégias são pautadas na seleção entre e dentro de famílias (seleção individual). Tais testes são utilizados como método para a identificação das melhores famílias, com base nas médias das parcelas. Quando o trabalho é com famílias de meios-irmãos, são explorados apenas 25% da variância aditiva total na seleção entre famílias. A etapa seguinte deve ser marcada pela seleção dos melhores genótipos dentro das famílias para posterior recombinação.

A seleção com base nos testes de progênies utiliza como fonte de dados, em geral, o desvio do valor individual em relação à média da família no bloco e o desvio da média da família em relação à média geral do teste. Tais informações permitem a aplicação dos métodos de seleção individual e seleção combinada (seleção recorrente).

Outro grande desafio na silvicultura das espécies do gênero *Pinus* é a clonagem do material selecionado, que tem impossibilitado a máxima exploração de seus valores genéticos e genotípicos. Durante muito tempo, várias técnicas foram testadas para resolver a recalcitrância das espécies do gênero ao enraizamento, porém isso ainda configura um entrave ao setor produtivo. A dificuldade de brotação e enraizamento de propágulos adultos, proveniente de fatores ligados à sua idade ontogenética, foi o motivo do insucesso nas tentativas. Nesse sentido, o êxito do programa de melhoramento de espécies de *Pinus* spp. depende de alguns ajustes, sobretudo em face de algumas características que dificultam a produção comercial em escala, como: o longo período para atingir a maturidade sexual; a necessidade de um período de até dois anos para a polinização até a maturação das sementes; a dificuldade de propagação vegetativa devida à maturidade fisiológica (dificuldade de enraizamento); e o forte efeito da depressão por endogamia.

Para o sucesso de um programa de melhoramento de *Pinus* spp., existem dois pontos principais que devem ser considerados: a seleção de genótipos superiores (no que tange ao incremento volumétrico e à qualidade da madeira) e a viabilidade técnica de produção de mudas em larga escala. A dificuldade de enraizamento de alguns genótipos pode não permitir a sua produção com custos compatíveis, mesmo se eles forem selecionados por seu volume e qualidade da madeira.

Como alternativa à clonagem individual, vários trabalhos foram realizados na tentativa de enraizar propágulos vegetativos de plantas juvenis (Alcantara *et al.*, 2008; Corrêa *et al.*, 2014). Dessa forma, seria possível propagar as melhores famílias geradas pelos programas de melhoramento, produzindo florestas de famílias clonais. Seguindo essa metodologia, a produção de mudas em larga escala envolve diversas etapas para assegurar a coleta adequada de miniestacas e o cultivo das mudas em viveiro até a sua rustificação (Fig. 2.3). Essa alternativa tornou-se importante, uma vez que a quantidade de sementes obtidas de uma única família em pomares clonais, ou mesmo de polinização aberta ou massal controlada (PMC), pode não ser suficiente para abastecer toda a demanda dos programas anuais de plantio.

O plantio tanto de famílias superiores quanto de clones individuais pode proporcionar ganhos significativos de incremento volumétrico (m^3/ha/ano) em

Fig. 2.3 Etapas de produção de mudas clonais de *Pinus* spp. em viveiros: (A) minijardim clonal; (B) miniestaca; (C) mudas em estágio inicial de desenvolvimento em tubete; (D) mudas em estágio inicial de desenvolvimento em Ellepot; (E,F) mudas em estágio final de desenvolvimento; (G) demonstração do enraizamento satisfatório da muda em tubete
Fonte: ArborGen.

relação ao uso de sementes oriundas de pomares clonais de 1ª e 2ª geração, que são aproveitadas no plantio comercial em algumas empresas do setor (Fig. 2.4).

Nesse caso, o ganho esperado para a utilização das melhores famílias de polinização controlada é de 9,0%. Já a utilização de clones individuais permitirá um potencial ganho de 20,0% em relação ao material genético atualmente plantado por algumas empresas do sul do Brasil. Esses ganhos suportam investimentos que viabilizam, técnica e economicamente, o plantio operacional de famílias e clones de espécies do gênero *Pinus*.

Uma das soluções técnicas utilizadas para a clonagem individual que, nos últimos anos, tem proporcionado relativo sucesso na propagação de indivíduos é denominada embriogênese somática, que possibilita a produção de embriões geneticamente idênticos ao genótipo de interesse (Aguiar *et al*., 2011).

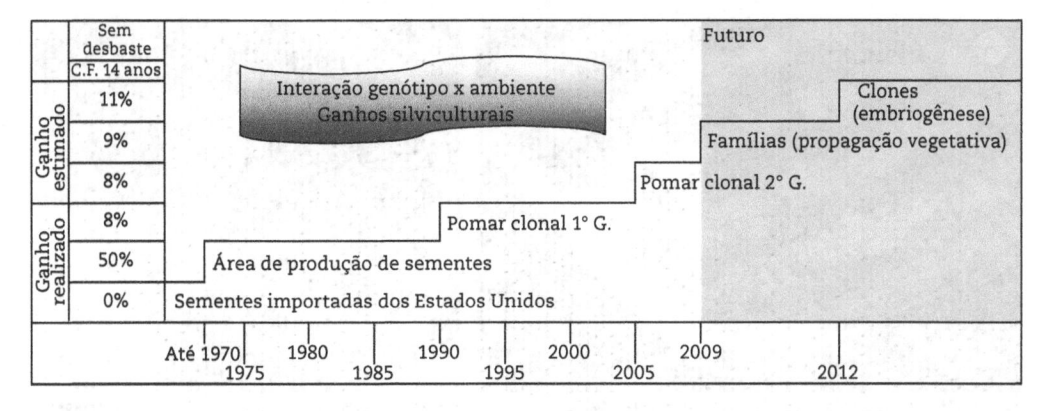

Fig. 2.4 Exemplo de evolução dos ganhos com melhoramento genético de *Pinus taeda* no sul do Brasil, considerando corte final com 14 anos, sem desbaste

2.4.1 Embriogênese somática

A embriogênese somática é uma técnica de clonagem que permite a multiplicação do embrião imaturo de uma única semente em milhares de embriões geneticamente idênticos ao embrião de origem. Nesse processo, parte do material é utilizada para a produção de mudas para instalação de testes clonais, e outra parte é criopreservada em nitrogênio líquido a –180 °C, para que, depois das avaliações nos testes clonais, os clones selecionados possam ser recuperados e multiplicados em escala comercial (Reinert, 1959; Steward; Mapes; Mears, 1958).

Nesse material criopreservado não ocorre a maturação das células, e a juvenilidade do material é mantida. Assim, as mudas formadas posteriormente a partir desses embriões mantêm a capacidade de enraizar, o que é uma característica ligada ao estágio juvenil das plantas.

Para a utilização dessa técnica, é necessário dispor de famílias testadas, preferencialmente de cruzamentos controlados, em que há alta incidência de indivíduos superiores, para aumentar a probabilidade de encontrar clones de alta *performance* e qualidade da madeira.

O primeiro passo para o sucesso da embriogênese somática é a avaliação do estágio ideal de maturação dos clones que serão enviados para a iniciação dos trabalhos. Essa avaliação é realizada de acordo com a análise da opacidade do megagametófito.

A época ideal de colheita de clones inicia-se na segunda quinzena de dezembro e termina no final da segunda quinzena de janeiro, variando de acordo com o clone e as condições climáticas do período de formação do clone imaturo (15-16 meses). Para a multiplicação dos clones destinados à instalação de testes clonais, faz-se necessário o desenvolvimento de embriões ou plântulas, sendo imprescindível desenvolver um protocolo para a formação das mudas (Fig. 2.5).

Fig. 2.5 (A-C) Avaliação dos estágios de desenvolvimento dos clones imaturos em laboratório, para o trabalho de embriogênese somática; (D,E) transferência e crescimento da plântula clonada de *Pinus* spp. para um tubete; (F) mudas advindas de clonagem em fase posterior de crescimento
Fonte: ArborGen.

2.4.2 Produção de sementes melhoradas de *Pinus* spp.

A formação de mudas para o plantio comercial de famílias-elite pode ser realizada através da produção em larga escala de sementes das melhores famílias do programa de melhoramento. Porém, no geral, o número de cópias dessas famílias, replicadas nos pomares, não permite que a quantidade de sementes formadas seja suficiente para atender aos programas anuais de plantio de grandes empresas. Assim, as alternativas são: (i) propagação vegetativa das melhores famílias, a partir de um número reduzido de sementes formadas nas cópias de mesma família (rametes) existentes no pomar (polinização livre); (ii) polinização massal controlada entre os indivíduos que melhor se combinam na geração de famílias de alto desempenho; (iii) propagação vegetativa comercial das famílias de polinização controlada.

A polinização massal controlada (PMC) em espécies do gênero Pinus consiste na produção comercial de sementes provenientes de polinização controlada entre indivíduos de alto valor genético e que combinem bem entre si. Essa técnica possibilita o aumento dos ganhos genéticos obtidos nos pomares clonais tradicionais de polinização aberta. Nesse caso, apenas os melhores clones do pomar, selecionados com base nos seus valores genéticos para crescimento e qualidade da madeira, participam dos cruzamentos, dando origem às sementes que formarão as florestas comerciais. Outro ponto importante é que a PMC viabiliza o aumento das áreas plantadas com os melhores materiais genéticos, até que os programas de propagação vegetativa de famílias e/ou clones de espécies do gênero Pinus estejam perfeitamente consolidados (Bridgwater et al., 1998).

A partir dos cruzamentos controlados, é possível alcançar maior vigor híbrido (heterose) em híbridos interespecíficos do gênero Pinus. Para que os cruzamentos controlados sejam bem-sucedidos, deve-se realizar a combinação de espécies da mesma subseção taxonômica (Shimizu; Sebbenn; Aguiar, 2008), por exemplo, P. elliottii var. elliottii com espécies de Pinus tropicais (P. caribaea, P. oocarpa e P. tecunimanii), que pertencem à mesma subseção Australes (Wright, 1976).

Atualmente, é possível realizar a PMC com a utilização de um caminhão-guincho adaptado com cesto aéreo (Fig. 2.6), aumentando a produtividade (flores polinizadas/homem/dia), pois o cesto aéreo, além de possibilitar maior rendimento operacional nos cruzamentos, permite alcançar flores nas regiões mais altas das copas das árvores, onde está concentrado o maior número de flores femininas. Essas regiões da árvore são as que apresentam maior dificuldade de acesso e, por isso, o processo anterior empregado para a polinização, a escalada de árvores, tinha um resultado prático reduzido. O cesto aéreo também aumenta a segurança dos colaboradores envolvidos na operação, que não precisam mais escalar as árvores.

Quando se trata de famílias oriundas de PMC, um fator essencial que deve ser analisado é se o cruzamento-alvo da seleção foi efetivamente realizado. Com o grande número de polinizações controladas realizadas ao mesmo tempo, torna-se difícil controlar com precisão todos os fatores que oferecem riscos à perda de fidelidade dos cruzamentos. Essa verificação pode ser feita pela utilização de marcadores moleculares microssatélites. Em espécies de maior valor

Fig. 2.6 (A,C,D) Demonstração de diferentes aspectos da polinização massal controlada (PMC) realizada de forma operacional com uso do caminhão-guincho e cesto aéreo; (B) ênfase na proteção do estróbilo feminino com saco de plástico, até que ele esteja apto a receber o pólen específico por meio de uma bomba pulverizadora; e (E) vista aérea do pomar de sementes, demonstrando o uso de sacos de papel como alternativa para a realização da PMC
Fonte: Kolecti Recursos Florestais.

econômico, uma das técnicas atuais aplicada em melhoramento de espécies florestais é a seleção genômica ampla (GWS) (Grattapaglia; Resende, 2011).

Para maximizar os ganhos e melhorar ainda mais a participação dos genitores masculinos desejados nos cruzamentos da PMC, algumas fontes de contaminação podem ser melhor trabalhadas, tais como: isolar a flor masculina antes da colheita, evitando a contaminação de pólen; melhorar o material usado para a bolsa de isolamento da flor feminina; utilizar código de barras para controlar o sistema, desde a identificação dos ramos com flores polinizadas até o momento do beneficiamento das sementes.

2.4.3 *Top grafting*: técnica para redução do ciclo de melhoramento genético

O *top grafting* (enxertia de topo) pode ser utilizado para encurtar o ciclo de recombinação em espécies do gênero *Pinus*. Essa técnica consiste na enxertia de material juvenil de árvores selecionadas precocemente (que ainda não produzem flores) em árvores adultas já em estágio reprodutivo (Fig. 2.7). Com isso, busca-se induzir o florescimento precoce nos enxertos juvenis, aproveitando-se das características fisiológicas adultas (maduras) das árvores usadas como porta-enxertos (Almqvist, 2013; Perez *et al.*, 2007).

Com essa técnica, os enxertos florescem um ano após a enxertia e os cruzamentos que darão origem à próxima geração tornam-se, assim, aptos a serem realizados. No processo tradicional utilizado no Brasil, em que são empregadas mudas seminais como porta-enxerto, o tempo médio estimado para que essa etapa de combinação seja cumprida é de seis a oito anos.

A possibilidade de induzir o florescimento de forma precoce é muito importante para os programas de melhoramento de espécies de *Pinus* spp., pois acelera as etapas dos procedimentos de polinização controlada para recombinação de genótipos superiores. A partir dessa tecnologia, tornou-se possível reduzir o tempo dos ciclos de seleção e, consequentemente, obter ganhos genéticos maiores em curto prazo (Fonseca *et al.*, 2010).

Fig. 2.7 (A) Realização da enxertia de topo em porta-enxerto desenvolvido e maduro, utilizando cesto aéreo, em espécies de *Pinus* spp.; (B) enxertia tipo garfagem em fenda cheia; (C) utilização de parafilme para recobrir o material enxertado, protegendo-o da desidratação
Fonte: Kolecti Recursos Florestais.

2.5 Considerações finais

Os avanços do melhoramento genético florestal permitiram que as empresas selecionassem em seus programas genótipos de Pinus spp. com rápido crescimento e características da madeira aptas para a produção de produtos florestais de alta qualidade. A escolha adequada do material genético a ser utilizado em plantio comercial deve ser feita da forma mais correta possível, pois está diretamente ligado à obtenção de melhores resultados. Nesse sentido, é fundamental conhecer as principais características de cada espécie, em função de seu uso potencial, assim como sua área de ocorrência natural.

O aumento na produção de híbridos entre espécies do gênero Pinus deve ser priorizado, para capitalizar a heterose existente entre algumas espécies desse gênero. Além disso, a clonagem a partir da embriogênese somática tende a ter um papel importante na consolidação das indústrias que usam madeira de Pinus spp. como matéria-prima. Isso porque a produtividade obtida e a qualidade dos plantios híbridos e clonais demonstram ser superiores às alcançadas por meio de sementes de famílias de polinização aberta, ou até mesmo de polinização controlada. Os resultados encontrados até o momento mostram que a clonagem de espécies do gênero Pinus é viável e pode ser incorporada aos programas de melhoramento genético, trazendo benefícios consideráveis na quantidade e qualidade da matéria-prima produzida pelas florestas plantadas de Pinus spp.

Referências bibliográficas

AGUDELO C., N. J. Caracterización de Pinus caribaea Morelet, Pinus oocarpa Schiede y Pinus maximiuoi H. E. Moore. Honduras: Escuela Agrícola Panamericana, 1990. 51 p.

AGUIAR, A. V.; SOUSA, V. A.; FRITZSONS, E.; PINTO JUNIOR, J. E. Programa de melhoramento de Pinus na Embrapa Florestas. Embrapa Florestas, 2011. 83 p.

ALCANTARA, G. B.; RIBAS, L. L. F.; HIGA, A. R.; RIBAS, K. C. Z. Efeitos do ácido indolilbutírico (AIB) e da coleta de brotações em diferentes estações do ano no enraizamento de miniestacas de Pinus taeda L. Scientia Forestalis, v. 36, n. 78, p. 151-156, 2008.

ALMEIDA, N. F.; BORTOLETTO, J. G.; MENDES, R. F.; SURDI, P. G. Produção e Avaliação da Qualidade de Lâminas de Madeira de um Híbrido de Pinus elliottii var. elliottii × Pinus caribaea var. hondurensis. Floresta e Ambiente, v. 21, n. 2, p. 261-268, 2014.

ALMQVIST, C. Survival and strobili production in topgrafted scions from young Pinus sylvestris seedlings. Scandinavian Journal of Forest Research, v. 28, n. 6, p. 533-539, 2013.

BARRICHELO, L. E. G. et al. Estudos de procedências de Pinus taeda visando seu aproveitamento industrial. Série Técnica IPEF, Piracicaba, v. 15, p. 1-14, 1977.

BRIDGWATER, F. E.; BRAMLETT, D. L.; BYRAM, T. D.; LOWE, W. J. Controlled mass pollination in loblolly pine to increase genetic gains. The Forestry Chronicle, v. 74, n. 2, p. 185-189, 1998.

CHHATRE, V. E. et al. Genetic structure and association mapping of adaptive and selective traits in the east Texas loblolly pine (Pinus taeda L.) breeding populations. Tree Genetics & Genomes, v. 9, n. 5, p. 1161-1178, 2013.

CORRÊA, P. R. R.; SCHULTZ, B.; AUER, C. G.; HIGA, A. R. Efeito da planta matriz, estação do ano e ambiente de cultivo na miniestaquia de Pinus radiata. Floresta, v. 45, n. 1, p. 65-74, 2014.

CRITCHFIELD, W. B.; LITTLE, E. L. *Geographic distribution of the pines of the world*. Washington, DC: US Department of Agriculture, Forest Service, 1966.

DIETERS, M. J.; WHITE, T. L.; HODGE, G. R. Genetic parameter estimates for volume from fuil-sib tests of slash pine (*Pinus elliottii*). *Canadian Journal of Forest Research*, v. 25, n. 8, p. 1397-1408, 1995.

ETTORI, L. C.; SATO, A. S.; SHIMIZU, J. Y. Variação genética em procedências e progênies mexicanas de *Pinus maximinoi*. *Rev. Inst. Flor.*, São Paulo, v. 16, 2004.

FONSECA, S. M. et al. *Manual prático de melhoramento genético do eucalipto*. Viçosa, MG: UFV, 2010. 200 p.

FRITZSONS, E.; MANTOVANI, L.; AGUIAR, A. D. *Carta de zoneamento de Pinus caribaea para o Estado do Paraná*. Colombo: Embrapa Florestas, 2013.

GONZÁLEZ-MARTÍNEZ, S. C. et al. Association genetics in *Pinus taeda* LI Wood property traits. *Genetics*, v. 175, n. 1, p. 399-409, 2007.

GRATTAPAGLIA, D.; RESENDE, M. D. V. Genomic selection in forest tree breeding. *Tree Genetics & Genomes*, v. 7, n. 2, p. 241-255, 2011.

IBÁ – INDÚSTRIA BRASILEIRA DE ÁRVORES. *Relatório 2022: ano base 2021*. IBÁ, 2022. 96 p.

ISHIBASHI, V.; MARTINEZ, D. T.; HIGA, A. R. Phenotypic models of competition for *Pinus taeda* genetic parameters estimation. *Cerne*, v. 23, n. 3, p. 349-358, 2017.

IWAKIRI, S.; OLANDOSKI, D. P.; LEONHARDT, G.; BRAND, M. A. Produção de chapas de madeira compensada de cinco espécies de *Pinus* tropicais. *Ciência Florestal*, v. 11, n. 2, p. 71-77, 2001.

KAGEYAMA, P. Y.; CASER, R. L. Adaptação de espécies de *Pinus* na região nordeste do Brasil. *Série Técnica IPEF*, v. 3, n. 10, p. 33-56, 1982.

LEUBNER, G. Seed evolution. *The Seed Biology Place*, Royal Holloway University of London, 2000. Disponível em: http://www.seedbiology.de/evolution.asp.

LUCAS-BORJA, M. E.; VACCHIANO, G. Interactions between climate, growth and seed production in Spanish black pine (*Pinus nigra* Arn. ssp. *salzmannii*) forests in Cuenca Mountains (Spain). *New Forests*, v. 49, n. 3, p. 399-414, 2018.

MALAN, F. S. The wood properties and sawn-board quality of. South African-grown *Pinus maximinoi* (HE Moore). *Southern African Forestry Journal*, Pretoria, n. 208, p. 39-47, 2006.

MARTO, G. B. T.; BARRICHELO, L. E. G.; MÜLLER, P. C. H. Indicações para escolha de espécies de *Pinus*. *Revista da Madeira*, v. 16, n. 99, p. 16-17, 2006.

MEDEIROS, G. I. B.; FLORINDO, T. J. Melhoramento genético de Pinus no Brasil: Implicações socioeconômicas e ambientais. *Revista Espacios*, v. 38, n. 28, p. 4, 2017.

MIROV, N. T. *The genus Pinus*. New York: Ronald Press, 1967. 602 p.

MISSIO, A. L. et al. Propriedades mecânicas da madeira resinada de *Pinus elliottii*. *Ciência Rural*, v. 45, n. 8, p. 1432-1438, 2015.

MORAES, M. L. T. et al. Efeito do desbaste seletivo nas estimativas de parâmetros genéticos em progênies de *Pinus caribaea* Morelet var. *hondurensis*. *Scientia Forestalis*, v. 35, n. 74, p. 55-65, 2007.

MORAES NETO, S. P.; DUBOC, E. *Parâmetros genéticos da densidade básica da madeira de Pinus caribaea var. hondurensis*. Planaltina, DF: Embrapa Cerrados, 2008. 18 p. (Boletim de Pesquisa e Desenvolvimento, 213).

MORAIS, S. A. L.; NASCIMENTO, E. A.; MELO, D. C. Análise da madeira de *Pinus oocarpa*. Parte I – Estudo dos constituintes macromoleculares e extrativos voláteis. *Revista Árvore*, Viçosa, MG, v. 29, n. 3, p. 461-470, 2005.

MOURA, V. P. G.; DVORAK, W. S.; HODGE, G. R. Provenance and family variation of *Pinus oocarpa* grown in the Brazilian cerrado. *Forest Ecology and Management*, v. 109, p. 315-322, 1998.

PAIT, J. A; FLINCHUM, D. M; LANTZ, C. W. Species variation, allocation, and tree improvement. In: DURYEA, M. L.; DOUGHERTY, P. M. (Ed.). *Forest regeneration manual*. Dordrecht: Kluwer Academic, 1991. p. 207-231.

PEREZ, A. M. M.; WHITE, T. L.; HUBER, D. A.; MARTIN, T. A. Graft survival and promotion of female and male strobili by topgrafting in a third-cycle slash pine (*Pinus elliottii* var. *elliottii*) breeding program. *Canadian Journal of Forest Research*, v. 37, n. 7, p. 1244-1252, 2007.

REINERT, J. Über die Kontrolle der Morphogenese und die Induktion von Adventivembryonen an Gewebekulturen aus Karotten. *Planta*, v. 53, n. 4, p. 318-333, 1959.

SANTOS, W. et al. Identificação de Procedências e Progênies de *Pinus maximinoi* com potencial produtivo para madeira. *Scientia Forestalis*, Piracicaba, v. 46, n. 117, p. 127-136, 2018.

SHALIZI, M. N. et al. Performance Based on Measurements from Individual-Tree Progeny Tests Strongly Predicts Early Stand Yield in Loblolly Pine. *Forest Science*, fxad002, fev. 2023. DOI: 10.1093/forsci/fxad002.

SHIMIZU, J. Y. Introdução. In: SHIMIZU, J. Y. (Ed.). *Pinus na silvicultura brasileira*. Colombo: Embrapa Florestas, 2008. p. 15-16.

SHIMIZU, J. Y.; PINTO JÚNIOR, J. E. *Diretrizes para credenciamento de fontes de material genético melhorado para reflorestamento*. Curitiba: Embrapa-CNPF, 1988. 15 p. (Documentos, 18.)

SHIMIZU, J. Y.; SEBBENN, A. M.; AGUIAR, A. V. Produção de resina de *Pinus* e melhoramento genético. In: SHIMIZU, J. Y. (Ed.). *Pinus na silvicultura brasileira*. Colombo: Embrapa Florestas, 2008. p. 193-206.

SHIMIZU, J. Y.; SEBBENN, A. M. Espécies de pinus na silvicultura brasileira. In: SHIMIZU, J. Y. (Ed.). *Pinus na silvicultura brasileira*. Colombo: Embrapa Florestas, 2008. p. 49-74.

SHIMIZU, J. Y.; SPIR, I. H. Z. Seleção de *Pinus elliottii* pelo valor genético para alta produção de resina. *Boletim de Pesquisa Florestal*, Colombo, n. 38, p. 103-117, 1999.

SILVA, J. M.; AGUIAR, A. V.; MORI, E. S.; MORAES, M. L. T. Divergência genética entre progênies de *Pinus caribaea* var. *caribaea* com base em caracteres quantitativos. *Pesquisa Florestal Brasileira*, v. 32, n. 69, p. 69-77, 2012.

SOUZA, F. B. et al. Seleção de espécies e procedências de *Pinus* para região de Assis, Estado de São Paulo. *Scientia Forestalis*, Piracicaba, v. 44, n. 111, p. 675-682, 2016.

STEWARD, F. C.; MAPES, M. O.; MEARS, K. Growth and organized development of cultured cells. II. Organization in cultures grown from freely suspended cell. *American Journal of Botany*, v. 45, n. 10, p. 705-708, 1958.

WRIGHT, J. W. *Introduction to forest genetics*. New York: Academic Press, 1976. 461 p.

3

Produção de mudas

Giovanna Carla Teixeira, Douglas Santos Gonçalves, Gilvano Ebling Brondani

O sucesso de um plantio florestal está diretamente relacionado com a qualidade das mudas, uma vez que plantas com adequada qualidade genética e fisiológica proporcionarão maior sobrevivência e resistência em condições de campo.

No Brasil, a produção de mudas de *Pinus* ainda é realizada, em sua maioria, por meio de sementes, devido ao custo acessível, facilidade de produção e domínio da tecnologia. Em alguns países, como os Estados Unidos, o cultivo de *Pinus* é feito principalmente por meio de propagação vegetativa (Boga, 2016; Greenwood *et al.*, 2015). As tecnologias para a produção de mudas estão em constante aperfeiçoamento, e novas técnicas são desenvolvidas a cada ano.

Entre as diferentes técnicas de produção de mudas de *Pinus*, deve-se priorizar aquela que atende às necessidades do produtor quanto à disponibilidade de área e infraestrutura, recursos financeiros e tecnologia, bem como em relação à quantidade de mudas a serem produzidas. Independente da técnica empregada, o sucesso da produção depende de diversos fatores e etapas, os quais serão sintetizados neste capítulo. Também são listados os principais estudos desenvolvidos para a produção de mudas de *Pinus* existentes na literatura.

3.1 Produção de mudas seminais
3.1.1 Coleta e beneficiamento de sementes

As sementes de *Pinus* se desenvolvem nas estruturas reprodutivas das gimnospermas conhecidas como cone ou pinha (Fig. 3.1A), as quais devem ser colhidas maduras. De forma geral, a mudança da coloração dos cones de verde para marrom é um dos principais indicativos de maturação. No entanto, os cones de algumas espécies do gênero, como *Pinus sylvestris*, *Pinus ponderosa* e *Pinus oocarpa*, permanecem verdes quando maduros. Para essas espécies, é necessária a aplicação de um teste rápido de imersão (total) dos cones em substância com densidade aproximada de 0,8 g cm^{-3}; enquanto os cones prematuros permanecerão submersos, os cones maduros flutuarão (Figliolia, 1995).

A época de colheita varia conforme a espécie e região. No Estado de São Paulo, por exemplo, a colheita deve ser feita nos meses de dezembro e janeiro, para *Pinus caribaea* var. *caribaea*; fevereiro e março, para *Pinus caribaea* var. *bahamensis*; fevereiro a abril, para *Pinus caribaea* var. *hondurensis*; março e abril, para *Pinus taeda*; e maio e junho, para *Pinus oocarpa* (Figliolia, 1995).

Fig. 3.1 Estruturas reprodutivas de *Pinus* spp.: (A) cone maduro recém-coletado; (B) cone após o beneficiamento e a liberação das sementes; (C) detalhe de sementes aladas; e (D) sementes após a extração das alas
Fonte: adaptado de Ferrari (2003).

Após colhidos, os cones de *Pinus* devem passar por um processo de secagem à sombra e em locais ventilados, devendo ser revolvidos periodicamente para facilitar a soltura das sementes. A secagem também pode ser feita em estufa à temperatura entre 38 °C e 40 °C (Silva, 1995). O tempo da secagem pode variar de acordo com a umidade inicial do cone; portanto, deve-se observar a sua abertura (Fig. 3.1B) e a liberação parcial das sementes para saber que o processo chegou ao fim. Mesmo assim, algumas sementes podem permanecer presas, e devem ser retiradas manualmente ou por agitação (Silva, 1995).

Uma vez separadas as sementes, deve-se realizar a retirada das estruturas conhecidas como "asas" das sementes aladas (Fig. 3.1C), as quais tendem a ser dispersas pelo vento. Tal separação pode ser feita de forma mecanizada, por meio de um aparelho conhecido como desalador, ou manual, que consiste em esfregar as sementes contra uma peneira até que a ala seja removida (Fig. 3.1D).

As sementes de *Pinus* são consideradas ortodoxas (Vieira et al., 2001), ou seja, podem ser armazenadas por longo tempo, desde que submetidas a baixas condições de umidade e temperatura. Segundo Fowler e Martins (2001), elas podem ser armazenadas por até cinco anos, desde que estejam a 8% de umidade, em embalagens hermeticamente fechadas e sob condições de temperaturas entre 0 e 5 °C. Algumas espécies de Pinus apresentam sementes dormentes, caracterizadas pela ausência de germinação quando expostas a condições favoráveis. Para que a germinação ocorra de maneira homogênea, há necessidade de adotar procedimentos para a superação da dormência previamente à semeadura. O Quadro 3.1 apresenta métodos de superação de dormência encontrados na literatura para algumas espécies de Pinus.

Quadro 3.1 Métodos de superação de dormência em diferentes espécies de Pinus

Espécie	Método	Fonte
Pinus elliottii var. elliottii	Imersão total dos cones em água por 16 horas e 15 dias de frio (0 a 5 °C)	Fowler e Binchetti (2000)
Pinus taeda	Imersão total dos cones em água por 24 horas e 50 dias de frio (0 a 5 °C)	Fowler e Binchetti (2000)
Pinus caribaea var. bahamensis	Estratificação a 12 °C por 21 dias	Fowler e Binchetti (2000)
Pinus pinaster	Estratificação a 4 °C por 42 dias	Gosling et al. (2007)
Pinus radiata	Estratificação a 4 °C por 42 dias	Gosling et al. (2007)
Pinus sylvestris	Estratificação a 4 °C por 42 dias	Gosling et al. (2007)

3.1.2 Semeadura e germinação

A semeadura pode ser feita de duas formas: em sementeiras (semeadura indireta, para posterior repicagem) ou diretamente nos recipientes (semeadura direta). Quando não se conhece a taxa de germinação do lote de sementes utilizado, ou quando não existe a confirmação da eficiência do método de superação de dormência, recomenda-se a semeadura em sementeiras. Caso contrário, as sementes podem ser colocadas para germinar diretamente nos recipientes em que se desenvolverão, até a etapa final do processo de produção de mudas. Quando se adquire a muda comercialmente, as informações sobre a taxa de germinação são informadas pelo fornecedor.

As sementeiras consistem em canteiros com 30 cm a 50 cm de profundidade, preenchidos com uma camada de brita ao fundo, seguida por uma camada de areia grossa, a qual pode ser coberta com terra de subsolo ou substrato comercial. Visando a ergonomia do manuseio, eles devem, de preferência, ser suspensos. Porém, quando esse procedimento não for possível, os canteiros podem ser dispostos ao nível do solo. A semeadura em sementeira pode ser feita a lanço (semeadura aleatória), e as sementes podem ser cobertas por uma fina camada de substrato, seguida de material inerte (por exemplo, casca de arroz, serragem ou acículas de Pinus), o que irá manter as condições de umidade e temperatura necessárias para que ocorra a germinação.

A fase de germinação dura cerca de 10 a 15 dias no verão e 20 a 25 no inverno, e é recomendado que ela ocorra sob a cobertura de uma tela de sombrite que permita a passagem de apenas 50% da luz (Wendling, 2014). Após essa fase, assim que houver a queda do tegumento e o aparecimento das primeiras acículas, as mudas de Pinus devem ser repicadas para os recipientes definitivos. As plântulas recém-germinadas possuem elevada suscetibilidade à desidratação, devendo-se adotar cuidados especiais na realização da repicagem, a fim de evitar perdas por mortalidade. Recomenda-se proceder à repicagem nas horas do dia em que a temperatura for mais baixa (evitar realizar o procedimento ao meio-dia), preferencialmente em dias nublados.

3.1.3 Recipientes e substratos

A escolha do recipiente deve ser feita considerando o tipo de estrutura do viveiro disponível para a produção das mudas. Para as diversas espécies de Pinus, são utilizados sacos plásticos e tubetes; porém, existem outras formas de produção, como canteiros, para a produção de mudas em raízes nuas e recipientes biodegradáveis.

Sacos plásticos possuem menor custo de aquisição e não necessitam de infraestrutura sofisticada, mas são descartáveis (gerando resíduos) e pouco ergonômicos. O recomendado é que sejam colocados em canteiros suspensos, visando favorecer a ergonomia e melhorar a qualidade das mudas, uma vez que as raízes, ao crescerem, podem romper a embalagem e entrar em contato com o ar, sendo podadas naturalmente pelo processo de oxidação; em contrapartida, quando as mudas são dispostas no chão, a umidade entre os sacos plásticos impede a poda natural, fazendo com que as raízes cresçam desordenadamente e fiquem expostas a possíveis patógenos, além de alterar a qualidade da muda produzida.

Com relação ao substrato para sacos plásticos, o mais aplicado é a mistura de terra de subsolo com adubo orgânico, em uma proporção de 7:3 v v^{-1}. Ao utilizar terra de subsolo, deve-se cuidar para que esteja livre de patógenos, que podem prejudicar a sanidade das mudas.

Os tubetes são estruturas cônicas constituídas de polipropileno, reutilizáveis, que apresentam estrias internas e fundo vazado, para direcionamento das raízes e poda natural, respectivamente. Possuem maior custo de aquisição, visto que, além da compra dos próprios tubetes, demandam infraestrutura especializada, tais como canteiros suspensos e bandejas com células. No entanto, mudas produzidas por tubetes geram menores custos operacionais e de transporte. Para Pinus, o tamanho mais utilizado é o tubete cônico com capacidade de 50 cm³, considerando o rápido crescimento da muda e, consequentemente, o menor tempo de manejo em condições de viveiro. Os tubetes devem ser acomodados em bandejas, preenchendo inicialmente todas as células; contudo, ao apresentarem certo crescimento em altura, devem ser alternados, a fim de evitar sombreamento e reduzir o estiolamento pela competição por luz. A alternagem deve ser feita de modo a preencher apenas a metade da capacidade total da bandeja, ou seja, uma redução de 50% do número de plantas por metro quadrado.

Quando o recipiente utilizado for o tubete, existem diversas composições de substratos possíveis. Wendling (2014) citou dois exemplos de substratos, apresentados no Quadro 3.2.

Quadro 3.2 Composição de substratos para produção de mudas de *Pinus*

Substrato	Composição
I	⅓ de casca de *Pinus* decomposta e moída em triturador de martelo
	⅓ de húmus
	⅓ de casca de arroz carbonizada
II	¼ de casca de *Pinus* decomposta e moída
	¼ de casca de arroz carbonizada
	¼ de vermiculita fina
	¼ de turfa ou húmus + solo vermelho (24:1 v v⁻¹)

Fonte: adaptado de Wendling (2014).

3.1.4 Irrigação

Na fase de germinação e início do crescimento das mudas, as irrigações devem ser criteriosas, mantendo-se a frequência, observando-se a qualidade da água e a forma de dispersão. O déficit hídrico nessa fase pode ocasionar deficiência na plântula, e o excesso hídrico pode favorecer o crescimento de algas verdes que competirão pela luz e nutrientes. Na fase de crescimento, as irrigações devem aumentar conforme o acúmulo de biomassa. O volume de irrigação pode variar de acordo com o tipo de recipiente, substrato e a época do ano. Na fase de rustificação, as irrigações devem ser gradativamente reduzidas, visando adaptar as mudas para as condições de campo durante o plantio. Mesmo assim, é importante que as mudas sejam irrigadas previamente ao plantio (Wendling, 2014).

3.1.5 Adubações

Assim como a irrigação, a adubação deve acompanhar o desenvolvimento da muda. Na fase de germinação e crescimento inicial, não se recomendam adubações, uma vez que, nas sementes, há reservas suficientes para favorecer a germinação e o crescimento inicial da plântula. Wendling (2014) sugere que adubações de arranque sejam feitas até a terceira semana após a fase de germinação, seguidas por adubações de crescimento e, por fim, adubações de rustificação, conforme a Tab. 3.1. O autor ainda recomenda que, após as adubações, seja realizada uma irrigação imediata para evitar a queima de acículas pelo acúmulo de sais.

Tab. 3.1 Adubações de arranque, crescimento e rustificação recomendadas pela Embrapa Florestas

Adubação	Concentração do componente
Arranque	4,6 g L^{-1} de superfosfato simples
	0,3 g L^{-1} de sulfato de amônio
	2,1 g L^{-1} de cloreto de potássio
	0,5 g L^{-1} de FTE BR 10*
Crescimento	8,0 g L^{-1} de ureia
	6,0 g L^{-1} de Yoorin-Mg ou superfosfato simples
	6,0 g L^{-1} de cloreto de potássio
	0,5 g L^{-1} de FTE BR 10
Rustificação	5,0 g L^{-1} de sulfato de amônio
	10,0 g L^{-1} de Yoorin-Mg ou superfosfato simples
	4,0 g L^{-1} de cloreto de potássio
	0,5 g L^{-1} de FTE BR 10

*Produto comercial para adubação com micronutrientes.
Fonte: adaptado de Wendling (2014).

3.1.6 Demais tratos culturais

Para preservar a sanidade e o vigor das mudas, as instalações do viveiro devem ser mantidas limpas, e o excedente de mudas germinadas por recipiente deve ser desbastado, para evitar que ocorra a proliferação de espécies indesejadas, as quais promovem a competição por nutrientes, água e luz (Wendling, 2014). Nesse sentido, alguns cuidados devem ser tomados, tais como capinar os canteiros periodicamente, para eliminar plantas indesejáveis e evitar a proliferação de possíveis patógenos ou pragas pelo uso de defensivos agrícolas (por exemplo, fungos, bactérias e insetos). As irrigações devem ser reguladas, visando atender à necessidade diária das mudas e acompanhar o ritmo de crescimento em biomassa. A alternagem das mudas deve ser empregada conforme o crescimento da parte aérea, reduzindo o número de plantas por metro quadrado, o que melhora a disposição da parte aérea em relação à luminosidade e à distribuição da irrigação. Além disso, o arranjo e a seleção das mudas devem ser realizados periodicamente, o que garante mudas de melhor qualidade ao final do processo produtivo. Todas essas práticas precisam ser exercidas conforme a localização do viveiro, considerando variações ambientais ao longo do sistema de produção em diferentes regiões brasileiras.

3.1.7 Micorrizas

Micorrizas são fungos que se associam simbioticamente às raízes e promovem melhorias no sistema radicular, como o aumento da área de contato, o que permite maior eficiência na absorção de nutrientes e água (Wendling, 2014).

Calegari (2004) destaca que as espécies do gênero *Pinus* apresentam elevada dependência dessa associação simbiótica. Em viveiros florestais, para realizar a incorporação do fungo à muda, geralmente são adicionadas ao substrato porções de solos de antigos reflorestamentos de *Pinus* que possuem o inóculo. A proporção deve ser de uma parte de solo contendo o inóculo para dez partes de substrato (Mikola, 1973). Existem ainda outras formas de inocular o fungo micorrízico, como a peletização da semente em solução com o fungo (Ashkannejhad; Horton, 2006).

3.1.8 Produção de mudas em raiz nua

Ao contrário das mudas produzidas em recipientes, a produção de mudas em raiz nua é feita diretamente em canteiros, de onde são retiradas apenas no momento de expedição para a área de plantio. Esse sistema tem como vantagem a maior economia e o menor risco de deformação das raízes, quando comparado com sistemas de produção de mudas embaladas (Wendling, Dutra, 2010; Wendling; Dutra; Grossi, 2006).

No entanto, existem limitações que impedem que esse sistema seja utilizado para algumas espécies. Ele é recomendado apenas para espécies com maior potencial de sobrevivência em campo e para regiões de condições climáticas subtropicais, com inverno chuvoso. Quando se trata de *Pinus*, a produção de mudas em raiz nua é bastante comum, uma vez que a espécie se adapta bem às condições climáticas das quais esse sistema necessita, além de resistir ao sistema de poda radicular e ao transporte até o local de plantio definitivo (Wendling, Dutra, 2010; Wendling; Dutra; Grossi, 2006).

3.2 Produção de mudas clonais

A produção de mudas clonais ou propagação vegetativa baseia-se na multiplicação assexuada de partes de plantas, gerando indivíduos geneticamente idênticos à planta matriz (Wendling; Brondani, 2015a). Para algumas espécies de *Pinus*, uma enorme quantidade de sementes é necessária para atender à demanda de produção de mudas, o que dificulta ainda mais, visto que essas espécies produzem um número irregular de sementes a cada ano. Diante de tais condições, a propagação vegetativa torna-se um método alternativo para suprir a demanda de produção de mudas, além de permitir maior ganho genético das características desejadas, como retidão do tronco, maior incremento em volume, maior altura e maior rendimento em resina (Sharma; Verma, 2011).

Para obter maior efetividade na produção de mudas clonais, é preciso levar em consideração a influência da espécie utilizada, a estação do ano, as condições fisiológicas da planta matriz, as alterações do clima, a posição do propágulo na planta matriz, o tamanho, natureza e horário de coleta do propágulo, o substrato de enraizamento, as substâncias de crescimento e os defensivos químicos utilizados (Brondani et al., 2012a; Wendling et al., 2010).

Por causa da elevada importância econômica das espécies do gênero Pinus, a obtenção de sucesso na silvicultura clonal é desejável há vários anos; no entanto, devido aos inúmeros obstáculos em realizar a clonagem por vias tradicionais, a alternativa viável é a clonagem em nível de famílias selecionadas (Xavier; Wendling; Silva, 2013).

3.2.1 Enxertia

Definida como a arte de unir partes de uma planta (enxerto) em outra que lhe sirva de suporte e estabelecimento de comunicação com o sistema radicular (porta-enxerto), a enxertia proporciona a obtenção de mudas com características genotípicas diferentes em apenas um indivíduo, mesmo que, em nível genotípico, o enxerto e o porta-enxerto mantenham a sua individualidade (Xavier; Wendling; Silva, 2013).

São diversas as vantagens da técnica de enxertia:
a. perpetuar clones que não podem ser propagados por questões econômicas ou mantidos por estacas, divisões ou outros métodos assexuados;
b. manter as características genéticas da planta que se quer multiplicar;
c. permitir, em algumas situações, a floração e frutificação precoces;
d. aumentar a resistência a certas doenças e pragas em função do porta-enxerto;
e. formar pomares de produção de sementes;
f. alcançar formas diferenciadas no crescimento da planta;
g. substituir a copa por meio da restauração de plantas;
h. fixar híbridos;
i. transformar plantas estéreis em produtivas, por meio da inoculação de ramos ou gemas frutíferas;
j. resgatar vegetativamente genótipos selecionados, buscando alcançar os objetivos de clonagem, sobretudo para aquelas espécies e/ou indivíduos que emitem brotações basais ou que não podem ser podados drasticamente;
k. ser aplicada como técnica de rejuvenescimento de clones.

Como desvantagens do método, destacam-se as possibilidades de transmissão de viroses, menor tempo de vida das plantas, baixos índices de "pegamento" e alto risco de rejeição/incompatibilidade em algumas espécies (Xavier; Wendling; Silva, 2013).

Para mais referências, existem trabalhos relacionados à enxertia de Pinus no Brasil, realizados entre 1960 e 1980, com as espécies de Pinus elliottii

(Suiter Filho, 1970), *Pinus taeda* (Bertolotti et al., 1979; Mora; Bertoloti; Higa, 1978; Suiter Filho, 1970) e *Pinus kesiya* (Bertolotti et al., 1979; Mora et al., 1980).

A enxertia é um dos métodos de propagação mais aplicados para a formação de pomares clonais visando a produção de sementes melhoradas. Também pode resolver problemas como a qualidade e quantidade de mudas de alto valor, além de ser empregada como um método de rejuvenescimento, utilizando-se a enxertia seriada, principalmente para espécies tropicais como *Pinus oocarpa* e *Pinus caribaea* (Murayama; Ferrari, 1993). Além disso, como alternativa para melhorar a eficácia da enxertia seriada em *Pinus*, há a técnica de microenxertia sobre porta-enxertos germinados *in vitro*. Por estes apresentarem maior juvenilidade e condições fisiológicas e nutricionais mais adequadas, podem promover resultados satisfatórios (Xavier; Wendling; Silva, 2013).

Uma técnica que tem sido bastante usada em *Pinus* é conhecida como *topgrafiting* (enxertia de topo), em que a enxertia é realizada em partes da copa de árvores adultas e tem o objetivo principal de antecipar os programas de melhoramento (Xavier; Wendling; Silva, 2013). Em *Pinus pinea*, a técnica de enxertia por garfagem em fenda cheia tem sido utilizada com o intuito de antecipar a produção de pinhas de uma forma rentável a partir dos 8-10 anos, tendo em vista que isso só ocorre com algum interesse para a colheita por volta dos 15-20 anos (Carneiro; Hall D'Alpuim; Carvalho, 2007).

Para obter sucesso na enxertia, é necessário atender a alguns princípios básicos: usar plantas da mesma família ou gênero; verificar a época ideal de enxertia, que pode variar em função da espécie e do tipo de enxerto empregado; possibilitar um contato íntimo entre as regiões cambiais; fazer uso de fitilho para promover o contato entre o enxerto e o porta-enxerto; escolher o tipo de enxertia adotada, que pode variar de acordo com a espécie; e contar com a experiência do operador (Wendling; Dutra, 2010). A seleção da planta matriz deve sempre estar voltada ao objetivo do plantio florestal, e várias características qualitativas e/ou quantitativas podem ser levadas em consideração. Em geral, a altura, o diâmetro à altura do peito, o acúmulo de resina, a velocidade de crescimento e a resistência a pragas e doenças são as características mais relevantes.

Com relação à coleta das brotações, recomenda-se que seja realizada pela manhã ou em dias chuvosos ou nublados, com seu armazenamento em local protegido, para o posterior transporte até o local da realização da enxertia. A maneira mais adequada de transporte é em caixa de isopor, contendo gelo ao fundo, revestido com jornal umedecido. É importante que não haja contato das brotações diretamente com o gelo, pois, caso isso ocorra, pode ocorrer "queima" dos tecidos. Outro método possível para o transporte é o envolvimento das brotações em panos úmidos e seu armazenamento em sacos plásticos. Em viveiro, os índices de produção são mais elevados, tendo em vista o maior controle das condições ambientais. Por outro lado, a enxertia no campo não necessita de plantio da muda, mas o pegamento é menor e as possibilidades de falha são maiores (Mora; Bertoloti; Higa, 1978).

Os principais cuidados durante a enxertia por garfagem são: (i) evitar o ressecamento dos tecidos do enxerto e do porta-enxerto, deixando-os em água limpa ou panos úmidos; (ii) realizar as operações de maneira ágil, com apenas um seccionamento, evitando o acúmulo de resíduos na lâmina; e (iii) fazer a amarração ao longo de todo o comprimento de união do enxerto e porta-enxerto, certificando-se de que não haja deslocamento dos tecidos (Wendling; Dutra, 2010).

Após a realização da enxertia, é recomendável colocar os enxertos em sombreamento, que pode variar de 20 a 40 dias, de acordo com as condições locais e da espécie. Após a cicatrização dos tecidos junto às regiões cambiais, é necessário retirar o fitilho, exceto quando se usa o fitilho biodegradável. Posteriormente, deve-se realizar a poda dos brotos axilares do porta-enxerto, deixando crescer somente o broto do enxerto, a fim de favorecer a sua dominância apical (Mora; Bertoloti; Higa, 1978; Wendling; Dutra, 2010).

Previamente ao plantio definitivo dos enxertos, deve-se realizar o processo de rustificação a pleno sol. Nessa fase, a irrigação pode ser reduzida e a adubação alterada, com base em potássio e fósforo, visando aumentar a probabilidade de sobrevivência da muda após o plantio no campo.

O processo de enxertia por garfagem em *Pinus* pode ser observado na Fig. 3.2.

3.2.2 Estaquia

A estaquia é uma técnica de produção de mudas por meio de propágulos (galho, ramo, raiz ou folha) coletados de uma planta matriz previamente selecionada. Dessa maneira, as plantas obtidas apresentam as mesmas características genéticas da planta-mãe (Wendling; Brondani, 2015a). Em um contexto geral, a estaquia conta com inúmeras vantagens, entre elas: (i) favorece a formação de plantios clonais de elevada produtividade e uniformidade; (ii) proporciona melhoria da qualidade da madeira e de seus produtos e subprodutos; e (iii) possibilita a multiplicação de indivíduos resistentes a pragas e doenças e adaptados a sítios específicos (Wendling; Dutra, 2010).

A técnica também pode apresentar algumas desvantagens, tais como: (i) o risco de estreitamento da base genética dos plantios clonais; (ii) a não ocorrência de ganhos genéticos adicionais a partir da primeira geração selecionada; (iii) a possível dificuldade de enraizamento em algumas espécies ou clones e em plantas adultas não rejuvenescidas (Wendling; Dutra, 2010).

A formação de raízes em estacas é denominada enraizamento adventício, considerado um dos maiores desafios dessa técnica. De acordo com Wendling e

Fig. 3.2 Técnica de enxertia por garfagem aplicada em *Pinus*: (A) porta-enxerto selecionado; (B) porta-enxerto podado; (C) confecção do enxerto; (D) enxerto preparado em formato de cunha; (E) confecção da fenda central no porta-enxerto; (F) inserção do enxerto no porta-enxerto; (G) amarrio com fitilho; (H) enxerto coberto com saco plástico (câmara úmida), visando a minimização da perda de umidade; e (I) sombreamento com saco de papel

Dutra (2010), o evento rizogênico envolve a regeneração de meristemas radiculares diretamente a partir dos tecidos associados com o tecido vascular do caule, ou a partir do tecido caloso formado na base da estaca. Dessa forma, a indução da regeneração radicular pode variar em função da espécie, do genótipo e do nível de maturação dos tecidos da planta doadora dos propágulos.

Um dos principais obstáculos para a melhoria da propagação clonal de árvores adultas de espécies de *Pinus* refere-se ao pouco conhecimento do processo morfogênico e à definição de um protocolo de propagação apropriado. As reduzidas taxas de sobrevivência e de enraizamento adventício, decorrentes da dificuldade de rejuvenescimento/revigoramento (Antonelli, 2013), e a ausência de rebrota em cepas configuram problemas a serem superados (Xavier; Wendling; Silva, 2013).

As espécies de *Pinus* tropicais plantadas no Brasil, como *Pinus caribaea* e *Pinus oocarpa*, apresentam taxas de enraizamento satisfatórias quando o tecido utilizado é juvenil (Xavier; Wendling; Silva, 2013). Para *Pinus radiata*, as plantas que servem como fonte de propágulos possuem no máximo 15 anos de idade (Corrêa et al., 2015).

A propagação de espécies de *Pinus* por estaquia está ligada a fatores que influenciam o desenvolvimento e o enraizamento das estacas. Entre esses fatores, destacam-se: (i) a idade ontogenética e fisiológica da planta a ser propagada; (ii) o período do ano em que as estacas serão coletadas; (iii) a lignificação das brotações; (iv) o estado nutricional e de turgidez da planta matriz; (v) a temperatura e umidade relativa do ar no ambiente da estaquia; (vi) a composição do substrato (Aguiar; Wendling; Shimizu, 2013).

A época ideal de coleta de brotos é o período mais quente (primavera e verão); ela deve ser realizada com tesouras de poda e nas primeiras horas da manhã, devido à menor temperatura e insolação. De maneira geral, os propágulos coletados de ramos laterais enraízam melhor que os coletados em ramos apicais (Aguiar; Wendling; Shimizu, 2013). Os brotos devem ser mantidos com elevada turgidez, sendo armazenados em recipientes com água, ou então submetidos a constantes pulverizações com água sobre seus tecidos. Logo após a coleta das brotações, é preciso realizar o seu transporte. Uma possibilidade para o transporte em maiores distâncias é o uso de caixa de isopor contendo gelo no fundo do recipiente, o qual deve ser recoberto com folhas de jornal umedecidas.

As estacas contêm de 8 cm a 12 cm de comprimento e devem ser preparadas próximo ao local de estaquia, e, quando necessário, a área foliar pode ser reduzida a 50%. Para facilitar a inserção das estacas no substrato, é aconselhado realizar um corte em bisel na região basal, sendo retiradas as acículas e braquiblastos da metade inferior (Antonelli, 2013).

O uso de reguladores de crescimento para a indução do enraizamento em estacas de Pinus ainda demanda estudos (Aguiar; Wendling; Shimizu, 2013). Apesar disso, em trabalhos realizados com Pinus elliottii e Pinus elliottii × P. caribaea, a aplicação de 10.000 mg L^{-1} de ácido indolbutírico (AIB) diluído em 2% de álcool promoveu os melhores índices de enraizamento em estacas. Na aplicação via líquida, a região basal da estaca é imersa por 10 a 30 segundos em solução do regulador de crescimento. De maneira geral, ainda são necessários estudos para definir o tipo e a concentração ideal de hormônio a ser aplicado para propiciar a formação da raiz, além da forma de veiculação, como em talco, gel ou líquido.

Na literatura não é encontrado um método específico para desinfestação de estacas de Pinus, no entanto, pode ser adotada a metodologia descrita por Wendling e Brondani (2015b) para desinfestação de estacas de Araucaria angustifolia, que consiste em mergulhar as estacas durante 5 minutos em hipoclorito de sódio (1% de cloro ativo), seguido de lavagem em água corrente e 10 minutos em solução fúngica. Esse tratamento asséptico pode ser adotado logo após a preparação das estacas.

Depois do preenchimento dos recipientes e do preparo das estacas, elas devem ser inseridas no substrato (em torno de 1 cm a 3 cm de sua base). Como as espécies de Pinus possuem baixos índices de enraizamento, é recomendado que as estacas sejam acondicionadas em casa de vegetação com sistema de nebulização e temperatura controlado automaticamente. De acordo com Rasmussen, Smith e Hunt (2009), a maior taxa de sobrevivência e enraizamento de Pinus *elliottii* var. *elliottii* × *P. caribaea* var. *hondurensis* foi observada quando as estacas foram mantidas sob temperatura de 25 °C a 30 °C.

O tempo de permanência em casa de vegetação para ocorrer a formação da raiz adventícia na estaca chega a 120 dias, dependendo da época do ano, da região e do material genético. Wendling e Brondani (2015a) relatam que a exposição de raízes na região inferior dos tubetes pode ser utilizada como um indicador para retirar as estacas da casa de vegetação.

Após o enraizamento das estacas em casa de vegetação, elas devem ser transferidas para aclimatação e crescimento em casa de sombra, com variação de sombreamento de 50% a 80% e irrigação controlada diariamente. Depois do processo de aclimatação em casa de sombra, as mudas devem ser transferidas para uma área sob pleno sol, onde são submetidas a diversos tratamentos culturais para acelerar o crescimento, tais como adubações, regimes de poda, alternagem, seleção, arranjo, classificação, capinas e rustificação. Todas essas práticas visam obter mudas com qualidade superior para aumentar a probabilidade de sobrevivência durante o plantio no campo.

A técnica de estaquia aplicada para a propagação de *Pinus* pode ser observada na Fig. 3.3.

Fig. 3.3 Técnica de estaquia aplicada para a propagação de *Pinus*: (A) detalhe da planta matriz; (B,C) coleta de brotações; (D) padronização das estacas em relação ao tamanho, retirada de acículas e corte em bisel na base; (E) tratamento de estacas com ácido indolbutírico; (F,G) inserção da estaca em substrato para o enraizamento; (H) detalhe da casa de vegetação para o enraizamento; (I) detalhe da casa de sombra para aclimatação; e (J) detalhe da área de pleno sol para rustificação das mudas

3.2.3 Miniestaquia

Considerada uma variação da estaquia, a técnica de miniestaquia compreende a utilização de brotações de plantas (minicepas) propagadas por estaquia ou por semente, as quais são consideradas fontes de propágulos vegetativos. A miniestaquia foi desenvolvida com o objetivo de aprimorar a técnica de estaquia pela minimização de algumas dificuldades no processo de produção de mudas, sobretudo no que se refere a enraizamento, formação das mudas e desenvolvimento da futura árvore (Wendling; Dutra, 2010).

A técnica de miniestaquia resulta em muitas vantagens em comparação com a estaquia, tais como a menor necessidade de mão de obra nos procedimentos de preparação dos propágulos, e a maior juvenilidade e vigor dos propágulos, além de promover maiores índices de enraizamento e produção de mudas de boa qualidade (Aguiar; Wendling; Shimizu, 2013).

A miniestaquia é uma técnica utilizada em larga escala para a produção de mudas de espécies do gênero *Eucalyptus* (Xavier; Wendling; Silva, 2013). No entanto, no caso da clonagem de espécies de *Pinus*, há algumas particularidades. Para obter sucesso nesse processo, são necessárias a obtenção e a manutenção da juvenilidade das fontes de propágulos (minicepas) e a identificação de genótipos com maior capacidade de enraizamento, visto que alguns estudos confirmam que o crescimento volumétrico em campo é notoriamente maior com propágulos juvenis (Aguiar; Wendling; Shimizu, 2013).

Para superar essas dificuldades, recomenda-se a multiplicação de famílias, selecionadas ainda na fase juvenil a partir de mudas produzidas por sementes. Por meio dessa seleção e com base nas informações de famílias avaliadas nos testes de progênies, identificam-se os melhores cruzamentos. As mudas selecionadas ao final do processo podem ser usadas como minicepas para obter brotações, visando o preparo constante de miniestacas (Aguiar; Wendling; Shimizu, 2013).

Existem vários fatores que podem influenciar o sucesso da miniestaquia: (i) os efeitos relacionados às condições ambientais (temperatura, fotoperíodo e luminosidade); (ii) a genética do material a ser propagado; e (iii) os fatores relacionados à idade ontogenética e fisiológica, que, por sua vez, podem apresentar grande influência na variação da produção de miniestacas, bem como no enraizamento (Xavier; Wendling; Silva, 2013).

O minijardim clonal (quando composto por minicepas clonais) ou seminal (quando composto por minicepas seminais) objetiva fornecer propágulos (brotações) para o processo de miniestaquia, sendo essencial para a aplicação da técnica. A primeira fase de formação de um minijardim é a poda do ápice da brotação da muda utilizada como minicepa, para reduzir a dominância apical. Posteriormente, em intervalos de 20 a 50 dias, novas brotações são emitidas, as quais devem ser coletadas, padronizadas como miniestacas e alocadas em ambiente favorável ao enraizamento. Dessa maneira, a muda podada constitui uma minicepa, que fornecerá as brotações para o preparo das miniestacas, visando a formação de mudas (Wendling; Brondani, 2015a).

O minijardim pode ser constituído por diversos sistemas, podendo as minicepas ser conduzidas diretamente em tubetes, em vasos, em sistemas hidropônicos, com inundação temporária, ou semi-hidropônicos, em leito de areia (Xavier; Wendling; Silva, 2013).

A coleta das brotações pode ser realizada de forma seletiva e variar de acordo com a idade da planta e a velocidade de crescimento. Segundo Corrêa et al. (2015), a maior taxa de enraizamento em miniestacas de *Pinus radiata* ocorre em brotações coletadas em sistema de canaletão, no final do inverno. Em *Pinus taeda*, recomenda-se utilizar miniestacas de 5 cm a 8 cm de comprimento, confeccionadas com corte em bisel na base. As acículas da metade inferior da miniestaca devem ser retiradas e a gema apical mantida, sendo confeccionada uma miniestaca por cada brotação coletada. O uso de reguladores de crescimento e indutores de enraizamento não tem causado muito efeito. Em *Pinus taeda*, por exemplo, a porcentagem de enraizamento de miniestacas reduziu com a aplicação de ácido indolbutírico (Aguiar; Wendling; Shimizu, 2013). Assim, estudos ainda são necessários para entender os fatores influentes na rizogênese.

Após a padronização, as miniestacas devem ser colocadas em recipientes com água para que possam manter as condições de turgor. Deve-se ter muita atenção entre o período de preparo e o estaqueamento das miniestacas no substrato, pois este deve ser o mais reduzido possível (Wendling; Brondani, 2015a).

As miniestacas devem ser colocadas para enraizar em casa de vegetação com temperatura variando de 15 °C a 25 °C e umidade relativa do ar de 80% a 95% (Corrêa et al., 2015), com tempo de permanência de 60 a 120 dias. Posteriormente, as miniestacas devem ser transferidas para a casa de sombra, para crescimento e aclimatação, por um período de até 120 dias. Por fim, as mudas são transferidas para área de sol pleno, onde são submetidas aos tratamentos culturais para favorecer crescimento e rustificação dos tecidos, visando o plantio em campo.

A técnica de miniestaquia aplicada para a propagação de *Pinus* pode ser observada na Fig. 3.4.

3.2.4 Micropropagação

A micropropagação consiste no cultivo *in vitro* de tecidos de plantas em meio de cultura apropriado, sob condições ambientais controladas (George; Hall; Klerk, 2008), sendo considerada ainda a técnica da cultura de tecidos que apresenta ampla aplicação florestal. Tal fato permite a obtenção de grande número de plantas sadias e geneticamente uniformes, além do rejuvenescimento dos tecidos e aumento da taxa de enraizamento (Wendling; Dutra, 2010).

Fig. 3.4 Técnica de miniestaquia aplicada para a propagação de *Pinus*: (A) muda obtida por estaquia ou semente para a formação do minijardim; (B) minijardim conduzido em sistema de canaletão em leito de areia, contendo brotações aptas para a coleta; (C,D) coleta de brotações; (E) miniestacas padronizadas pela retirada de acículas e corte em bisel na base; (F) tratamento de miniestacas com ácido indolbutírico; (G) miniestacas inseridas em substrato para enraizamento (as etapas de enraizamento em casa de vegetação, aclimatação em casa de sombra e crescimento/rustificação em área de pleno sol são similares à técnica de estaquia); e (H) miniestaca enraizada

O padrão de desenvolvimento da propagação *in vitro* é constituído por cinco fases: (i) tratamento e preparo das plantas matrizes para a coleta de explantes (considera-se explante qualquer parte do tecido vegetal, como semente, cotilédone, hipocótilo, folha, caule e raiz); (ii) seleção de explantes, desinfestação e estabelecimento *in vitro*; (iii) multiplicação de explantes mediante sucessivos subcultivos; (iv) alongamento de explantes; (v) enraizamento e aclimatização de plantas completas (Wendling; Dutra, 2010; Xavier; Wendling; Silva, 2013).

A micropropagação apresenta diversas vantagens, entre as principais:

a. produção em larga escala de plantas, o que possibilita rápida multiplicação em curto período de tempo;
b. preservação e intercâmbio de germoplasma em condições assépticas;
c. hibridação interespecífica e intergenérica (cultura de embriões e fusão de protoplastos);
d. obtenção de plantas haploides e poliploides;
e. variação somaclonal e indução de mutações;
f. florescimento e fertilização *in vitro*;
g. transformação genética;
h. seleção de material *in vitro*;
i. rejuvenescimento de tecidos (Wendling; Dutra, 2010).

Entre as desvantagens e limitações da micropropagação, podem ser citados a possibilidade de contaminação, o alto custo das operações, a variação das condições de culturas e dentro de clones, e a dificuldade de estabelecer o meio adequado para a espécie com que se deseja trabalhar (George; Hall; Klerk, 2008).

A micropropagação para Pinus também possui algumas limitações nas fases de cultivo, considerando que a maioria das espécies desse gênero é de difícil cultivo in vitro, em comparação a outras espécies florestais, como o Eucalyptus spp. Dessa forma, o emprego de sementes como fonte de explantes para o estabelecimento in vitro reflete em vantagens, principalmente pelo fato de os tecidos apresentarem elevada juvenilidade. Com isso, é possível estabelecer plantas in vitro a partir de nós cotiledonares, obtidos da germinação de sementes de um lote selecionado pela qualidade sanitária e fisiológica superior (Golle et al., 2014). Contudo, o emprego da semente implica variabilidade genética, o que não é desejável quando se pretende clonar indivíduos superiores.

A micropropagação de Pinus por propágulos, visando a multiplicação de gemas adventícias, também pode ser utilizada para a produção de mudas clonais. Ao realizar a micropropagação de Pinus taeda a partir de material juvenil, Oliveira (2011) recomendou o uso de segmentos nodais na etapa de estabelecimento in vitro e brotações apicais na etapa de indução de brotações axilares. O meio de cultura WV5 foi considerado por Coke (1996) como o melhor para estabelecimento in vitro, multiplicação e alongamento de Pinus taeda, tanto para brotações apicais como para segmentos nodais. Baxter et al. (1989) verificaram regeneração in vitro a partir de gemas axilares de Pinus caribaea var. hondurensis, Pinus oocarpa e Pinus tecunumanii. Para Pinus oocarpa, 13 clones produziram entre 100 e 1.000 explantes em um ano, em um total de sete subcultivos, em meio de cultura MS/2 acrescido de 10,0 µM ($\cong$ 2,20 mg L^{-1}) de benzilaminopurina (BAP) e 0,025 µM ($\cong$ 0,005 mg L^{-1}) de ácido naftaleno acético (ANA). Para Pinus taeda, Cézar et al. (2015) concluíram que o período de subcultivo de oito semanas em meio de cultura contendo 2,5 µM ($\cong$ 0,55 mg L^{-1}) de BAP promoveu a maior emissão de brotações, e nove dias em meio ágar-água com 2,68 µM ($\cong$ 0,50 mg L^{-1}) de ANA e 0,44 µM ($\cong$ 0,10 mg L^{-1}) de BAP para o enraizamento.

As plantas micropropagadas também podem ser utilizadas para formar uma microcepa e, com isso, proporcionar a base para a constituição de um microjardim, a fim de aumentar os índices de enraizamento em propágulos, semelhante ao adotado para espécies de eucalipto (Brondani et al., 2012b).

3.2.5 Embriogênese somática

O processo de embriogênese somática (ES) é caracterizado pelo período em que as células haploides ou somáticas se desenvolvem por meio de diferentes estádios embriogênicos, originando um embrião sem que ocorra a fusão de gametas

(George; Hall; Klerk, 2008). Esse evento morfogênico pode ocorrer *in vitro* de duas maneiras. A primeira é a direta, em que os embriões somáticos se originam diretamente a partir de explante, sem a formação de estádios intermediários de calogênese. A segunda, denominada indireta, ocorre quando os embriões se formam a partir de tecido calogênico, o qual pode apresentar diferentes estádios de diferenciação (George; Hall; Klerk, 2008). O processo de embriogênese somática pode ser utilizado como estratégia em programas de melhoramento florestal, tendo em vista a possibilidade de acelerar os testes de linhagens selecionadas e o fornecimento mais rápido de sementes melhoradas. O processo ainda resulta em menor custo para a identificação e produção de clones selecionados (Goldbach, 2014).

Entre as muitas vantagens que a embriogênese somática proporciona, pode-se destacar a preservação do tecido embriogênico em nitrogênio líquido (criopreservação) sob temperatura de –196 °C, de modo indefinido, sem que ocorram alterações genéticas do material (criopreservação); a alta taxa de multiplicação, comparada a qualquer outro processo de propagação; o escalonamento da produção pela manutenção da cultura em meio líquido; o plantio direto da muda obtida; e a possibilidade de transferência de genes. No melhoramento genético de espécies arbóreas, os tecidos embriogênicos de cada linhagem de clone podem ser propagados para obter plantas, visando estabelecer testes de campo (Merkle; Dean, 2000). De posse dos resultados desses testes de campo, é possível indicar os clones de melhor *performance*. As linhagens correspondentes podem ser recuperadas da criopreservação e propagadas por embriogênese somática para uso em plantações de alto valor comercial (Park; Barrett; Bonga, 1998). Dias *et al.* (2018) mostraram que há possibilidade de obter sementes sintéticas de materiais genéticos selecionados, sendo a técnica da embriogênese somática eficaz na propagação de clones com potencial produtivo. Além disso, pode-se conseguir tecidos com elevado grau de juvenilidade, sementes sintéticas e produção massal de clones em biofábricas.

Vários fatores podem interferir na embriogênese somática, alguns deles sendo: (i) a espécie ou clone; (ii) o tipo de explante (foliar, caulinar, radicular, inflorescências); (iii) as condições de cultura, como luz (intensidade, qualidade e fotoperíodo), meio de cultura utilizado (composição e concentrações dos componentes), agente gelificante, pH do meio de cultura e reguladores de crescimento (tipo, concentração e período de exposição) (George; Hall; Klerk, 2008).

A técnica de embriogênese somática envolve, basicamente, quatro etapas: (i) iniciação e proliferação da cultura embriogênica; (ii) maturação dos embriões somáticos; (iii) germinação dos embriões somáticos; e (iv) cultivo em casa de vegetação e plantação no campo (Goldbach, 2014). Essa técnica vem sendo utilizada em programas de melhoramento de espécies de *Pinus*, apesar de ainda apresentar vários entraves relativos à indução, proliferação e germinação in vitro. Em Pinus taeda, a embriogênese somática surgiu como alternativa para a produção de mudas, sendo aplicada em programas de clonagem (Goldbach, 2014). Em revisão sobre a técnica, Tret'yakova e Shuvaev (2015) relataram que calos embriogênicos e embriões somáticos foram obtidos para 28 espécies de Pinus. As condições de cultura que favorecem a regeneração de plantas de embriões somáticos foram otimizadas para a maioria das espécies; contudo, a frequência de iniciação de calo embriogênico foi considerada baixa.

A embriogênese somática aparece como uma alternativa de grande utilidade industrial, principalmente ao considerar a propagação massal de sementes sintéticas. No entanto, para muitas espécies de Pinus com importância econômica, a frequência inicial de embriogênese somática ainda é insuficiente para aplicação comercial (Park et al., 2006), o que reforça a demanda da realização de estudos mais aprofundados sobre o tema.

Referências bibliográficas

AGUIAR, A. V.; WENDLING, I.; SHIMIZU, J. Y. Cultivo de Pinus: propagação vegetativa. *Revista da Madeira*, Embrapa Florestas, n. 13, 2013.

ANTONELLI, P. O. *Estaquia de matrizes adultas de Pinus elliottti var. elliottii e Pinus elliottii × Pinus caribaea.* 2013. 91 f. Dissertação (Mestrado em Recursos Florestais) – Universidade de São Paulo, Piracicaba, 2013.

ASHKANNEJHAD, S.; HORTON, T. R. Ectomycorrhizal ecology under primary succession on coastal sand dunes: interactions involving Pinus contorta, suilloid fungi and deer. *New Phytologist*, v. 169, n. 2, p. 345-354, 2006.

BAXTER, R. et al. Production of clonal plantlets of tropical pine in tissue culture via axillary shoot activation. *Canadian Journal of Forest Research*, v. 19, n. 10, p. 1338-1342, 1989.

BERTOLOTTI, G. et al. Propagação vegetativa em Eucalyptus e Pinus. *Circular Técnica IPEF*, Piracicaba, n. 54, 1979. 9 p.

BOGA, J, M. Conifer clonal propagation in tree improvement programs. In: PARK, Y. S.; BONGA, J. M.; MOON, H. (ed.). *Vegetative propagation of forest trees.* Seoul, Korea: National Institute of Forest Science (NIFoS), 2016. p. 3-31.

BRONDANI, G. E. et al. Low temperature, IBA concentrations and optimal time for adventitious rooting of Eucalyptus benthamii mini-cuttings. *Journal of Foresty Research*, v. 23, n. 4, p. 583-592, 2012a.

BRONDANI, G. E. et al. Micropropagation of Eucalyptus benthamii to form a clonal micro-garden. *In Vitro Cellular & Developmental Biology – Plant*, v. 48, n. 5, p. 478-487, 2012b.

CALEGARI, L. Micorrizas e bactérias simbiontes. In: HOPPE, J. M. (org.). *Produção de sementes e mudas florestais.* 2 ed. Santa Maria: UFSM, 2004. p. 272-294. (Série Cadernos Didáticos n. 1.)

CARNEIRO, N. A.; HALL D'ALPUIM, M.; CARVALHO M. A. V. *Enxertia do pinheiro manso.* Oeiras, Portugal: Edição Estação Florestal Nacional, 2007. 30 p.

CÉZAR, T. M.; HIGA, A. R.; KOEHLER, H. S.; RIBAS, L. L. F. Influence of culture medium, explant length and genotype on micropropagation of Pinus taeda L. *Ciência Florestal*, v. 25, n. 1, p. 13-22, 2015.

COKE, J. E. *Basal nutrient medium for in vitro cultures of loblolly pines.* USA Patent 5.534.433, 1996.

CORRÊA, P. R. R. et al. Efeito da planta matriz, estação do ano e ambiente de cultivo na miniestaquia de *Pinus radiata*. *Floresta*, v. 45, n. 1, p. 65-74, 2015.

DIAS, P. C. et al. Genetic evaluation of *Pinus taeda* clones from somatic embryogenesis and their genotype × environment interaction. *Crop Breeding and Applied Biotechnology*, v. 18, n. 1, p. 55-64, 2018.

FERRARI, M. P. *Beneficiamento e armazenamento de sementes de algumas espécies de Pinus.* [S. l.]: Embrapa Florestas, 2003. 4 p. (Circular Técnica.)

FIGLIOLIA, M. B. Colheita de sementes. In: SILVA, A.; PIÑA-RODRIGUES, F. C. M.; FIGLIOLIA, M. B. (coord.). *Manual técnico de sementes florestais.* São Paulo: Instituto Florestal, 1995. p. 1-12.

FOWLER, J. A. P.; BIANCHETTI, A. *Dormência em sementes florestais.* Colombo: Embrapa Florestas, 2000. 27 p.

FOWLER, J. A. P.; MARTINS, E. G. *Manejo de sementes de espécies florestais.* [S. l.]: Embrapa Florestas, 2001. 76 p.

GEORGE, E. F.; HALL, M. H.; KLERK, G. J. *Plant propagation by tissue culture.* 3 ed. Springer, 2008. v. 1. 501 p.

GOLDBACH, J. D. Micropropagação de *Pinus* por meio de embriogênese somática. In: AGUIAR, A. V. *Cultivo de pínus.* 2 ed. Embrapa Florestas, 2014. Disponível em: https://www.spo.cnptia.embrapa.br/. Acesso em: 20 maio 2018.

GOLLE, D. P. et al. Seleção de lotes de sementes de *Pinus taeda* L. para a cultura de tecidos. *Cerne*, v. 20, n. 2, p. 259-266, 2014.

GOSLING, P. et al. *Raising trees and shrubs from seed*: practice guide. Edinburgh: Forestry Commission, 2007. 28 p.

GREENWOOD, M. S.; ROTH, B. E.; MAASS, D.; IRLAND, L. C. Near rotation-length performance of selected hybrid larch in Central Maine, U.S.A. *Silvae Genetica*, n. 64, p. 1-2, 2015.

MERKLE, S. A.; DEAN, J. F. D. Forest tree biotechnology. *Current Opinion in Biotechnology*, v. 11, n. 3, p. 298-302, 2000.

MIKOLA, P. Application of mycorrhizal symbiosis in forestry practice. In: MARKS, G. C.; KOZLOWSKI, T. T. (ed.). *Ectomycorrhizal*: their ecology and physiology. New York: Academic Press, 1973. p. 383-411.

MORA, A. L. et al. Enxertia em *Pinus kesya*. *Circular Técnica IPEF*, Piracicaba, n. 21, 1980. 16 p.

MORA, A. P.; BERTOLOTI, G.; HIGA, A. R. Propagação vegetativa de *Pinus* por enxertia: guia prático. *Circular Técnica IPEF*, Piracicaba, n. 42, 1978. 10 p.

MURAYAMA, M. Y.; FERRARI, M. P. Propagação vegetativa de pinheiros tropicais. *Silvicultura*, n. 49, p. 12-14, 1993.

OLIVEIRA, L. F. *Micropropagação de Pinus taeda L. a partir de material juvenil.* 2011. Dissertação (Mestrado em Botânica) – Universidade Federal do Paraná, Curitiba, 2011.

PARK, Y. S.; BARRETT, J. D.; BONGA, J. M. Application of somatic embryogenesis in high-value clonal forestry: deployment, genetic control, and stability of cryopreserved clones. *In Vitro Cellular & Developmental Biology – Plant*, v. 34, n. 3, p. 231-239, 1998.

PARK, Y. S. et al. Initiation of somatic embryogenesis in *Pinus banksiana*, *P. strobus*, *P. pinaster* and *P. sylvestris* at three laboratories in Canada and France. *Plant Cell, Tissue and Organ Culture*, v. 86, n. 1, p. 87-101, 2006.

RASMUSSEN, A.; SMITH, T. E.; HUNT, M. A. Cellular stages of root formation, root system quality and survival of *Pinus elliottii* var. *elliottii* × *Pinus caribaea* var. *hondurensis* cuttings in different temperature environments. *New Forests*, v. 38, n. 1, p. 285-294, 2009.

SHARMA, S. K.; VERMA S. K. Seasonal influences on the rooting response of chir pine (Pinus roxburghii Sarg.). *Annals of Forest Research*, v. 54, n. 2, p. 241-247, 2011.

SILVA, A. Técnicas de secagem, extração e beneficiamento de sementes. In: SILVA, A.; PIÑA-RODRIGUES, F. C. M.; FIGLIOLIA, M. B. (coord.). *Manual técnico de sementes florestais*. São Paulo: Instituto Florestal, 1995. p. 21-32.

SUITER FILHO, W. Influência da posição do ramo da copa na enxertia de *Pinus elliottii* Eng. e *Pinus taeda* L. *Circular Técnica IPEF*, Piracicaba, n. 1, p. 121-124, 1970.

TRET'YAKOVA, I. N.; SHUVAEV, D. N. Somatic embryogenesis in *Pinus pumila* and productivity of embryogenic lines during long-term cultivation *in vitro*. *Russian Journal of Developmental Biology*, v. 46, n. 5, p. 276-285, 2015.

VIEIRA, A. H. et al. *Técnicas de produção de sementes florestais*. Rondônia: Embrapa Rondônia, 2001. 4 p. (Comunicado Técnico.)

WENDLING, I.; BRONDANI, G. E.; DUTRA, L. F.; HANSEL, F. A. Mini-cuttings techinique: a new ex vitro method for clonal propagation of sweetgum. *New Forests*, v. 39, n. 3, p. 343-353, 2010.

WENDLING, I.; BRONDANI, G. E. Produção de mudas de erva-mate. In: WENDLING, I.; SANTIN, D. (ed.). *Propagação e nutrição de erva-mate*. Brasília, DF: Embrapa, 2015a. p. 11-98.

WENDLING, I.; BRONDANI, G. E. Vegetative rescue and cuttings propagation of *Araucaria angustifolia* (Bertol.) Kuntze. *Revista Árvore*, v. 39, n. 1, p. 93-104, 2015b.

WENDLING, I.; DUTRA, L. F.; GROSSI, F. *Produção de mudas de espécies lenhosas*. Colombo: Embrapa Florestas, 2006. 130 p.

WENDLING, I.; DUTRA, L. F. *Produção de mudas de eucalipto*. Colombo: Embrapa Florestas, 2010. 184 p.

WENDLING, I. Produção de mudas. In: AGUIAR, A. V. (ed.). *Cultivo de pínus*. 2 ed. [S. l.]: Embrapa Florestas, 2014. Disponível em: https://www.spo.cnptia.embrapa.br/. Acesso em: 20 maio 2018.

XAVIER, A.; WENDLING, I.; SILVA, R. L. *Silvicultura clonal*: princípios e técnicas. 2 ed. Viçosa, MG: Editora UFV, 2013. 279 p.

4

Nutrição e adubação mineral

Nairam F. Barros, Samuel V. Valadares, Nairam F. Barros Filho

Os nutrientes minerais e a água são os principais recursos que controlam o crescimento de plantios florestais na região tropical, e ambos têm o solo como seu depositório natural. A disponibilidade de nutrientes para as plantas é fortemente afetada pela disponibilidade de água no solo, uma vez que a água influencia a mobilidade dos nutrientes em direção à superfície das raízes. Dessa forma, a adequada nutrição mineral da planta dependerá, entre outros fatores, das condições edafoclimáticas da região onde se dá o seu cultivo.

No Brasil, os plantios de *Pinus* estão concentrados na Região Sul, cujo regime pluviométrico é caracterizado por chuvas mais regularmente distribuídas, fazendo com que a umidade do solo seja um limitador menos importante para a disponibilidade e aquisição de nutrientes minerais pelas plantas. Contudo, há plantios em regiões com distribuição de chuvas mais estacional, como nos Cerrados do Brasil Central, onde a aquisição de nutrientes é mais dependente da disponibilidade de água no solo.

Não constitui objetivo principal deste capítulo o exame pormenorizado da influência da água na nutrição mineral do *Pinus*, mas é fundamental ter em mente que o adequado *status* nutricional pode não ser determinado somente pelo teor dos nutrientes no solo. Aqui, a nutrição mineral será tratada em um escopo de contínuo solo-planta-manejo silvicultural, focando os processos que controlam os ciclos dos nutrientes nos plantios de *Pinus*. Ressalta-se que não há registro na literatura, especialmente na brasileira, de informações sobre todos esses processos, e algumas informações apresentadas são baseadas em princípios gerais aplicáveis à maioria das culturas.

4.1 A influência dos processos edáficos na nutrição mineral

Vários processos que ocorrem no solo podem influenciar a disponibilidade e a aquisição de nutrientes pelo *Pinus* – alguns deles são mostrados na Fig. 4.1.

4 NUTRIÇÃO E ADUBAÇÃO MINERAL

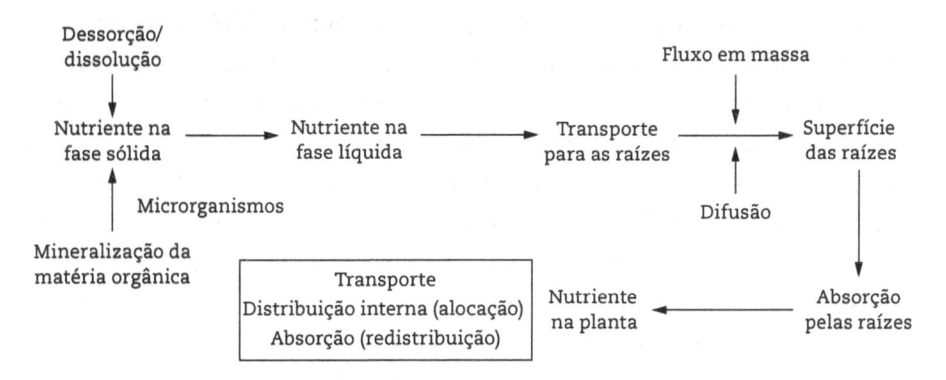

Fig. 4.1 Esquema da transferência de nutrientes no contínuo solo-planta e dinâmica interna na planta

A reserva mineral dos solos brasileiros é considerada, de forma geral, como bastante baixa e, em muitas situações, insuficiente para o atendimento da demanda nutricional da maioria das culturas agrícolas. Contudo, as espécies florestais, por sua longevidade e volume de solo explorado, dentre outros aspectos, podem ter sua demanda atendida, mesmo em solos considerados pobres em nutrientes pelos padrões agrícolas. Esse conceito pode não ser observado quando o manejo florestal é intensificado para obter elevada produtividade em rotações mais curtas, como acontece no cultivo do eucalipto no Brasil. A rotação de *Pinus* no Brasil é mais curta do que em outros países, mas ainda suficientemente longa para que a demanda nutricional da cultura possa ser atendida pelo solo em sua fertilidade natural, especialmente na região Sul do País. Já para plantios em regiões onde o solo é mais intemperizado, como nos Cerrados, respostas mais intensas podem ser obtidas com a aplicação de fertilizantes.

As espécies de *Pinus*, sobretudo *Pinus taeda* L. e *P. elliottii* Engelm, cultivadas no sul do Brasil, são originárias de regiões de clima temperado (sul e sudeste dos Estados Unidos), onde, em certos tipos de solos, a fertilidade é considerada baixa e o teor de nutrientes também, especialmente de fósforo (Jokela, 2002; Jokela; Dougherty; Martin, 2004; Pritchett; Comerford, 1982). Respostas positivas de *Pinus* à adubação têm sido obtidas quando são aplicadas técnicas de manejo mais intensivas, como visto em Jokela, Dougherty e Martin (2004), Vogel *et al.* (2011) e Pritchett e Comerford (1982). Contudo, a intensidade de resposta é dependente do tipo de solo (Jokela, 2002).

Na rizosfera de plantios de *Pinus* podem acontecer processos, em geral mediados por ectomicorrizas, que intensificam a passagem de nutrientes de formas menos disponíveis (orgânicas ou minerais) para formas mais disponíveis, conforme registrado por Plassard e Dell (2010). A liberação de formas orgânicas de P para a solução, por exemplo, é promovida pela ação de fosfatases. Fox e Comerford (1992) alegaram que a atividade de fosfomonoesterase ácida foi elevada na rizosfera de plantios de P. *elliottii* e promoveu a hidrólise de 20% e 30% do fósforo solúvel em água dos horizontes A e Bh de Espodossolos (*Spodosols*).

A concentração de ácidos orgânicos de baixo peso molecular que atuam na complexação ou dissolução de formas inorgânicas de fósforo de baixa solubilidade, em geral, é mais elevada na rizosfera. Fox e Comerford (1990) relataram que a concentração dos ácidos oxálico, fórmico, cítrico, entre outros, foi o dobro em solo rizosférico de plantios de P. *taeda* quando comparado com solo não rizosférico. Como esses ácidos formam complexos estáveis com alumínio, os autores concluíram que a presença deles, em especial do oxálico, poderia influenciar a disponibilidade de fósforo. Dessa maneira, o fósforo entraria na fase líquida do solo e seria transportado para a superfície das raízes, tornando-se passível de absorção.

Há um equilíbrio dinâmico entre o teor do nutriente na fase líquida e seu teor na fase sólida do solo. Uma vez liberados da fase sólida para a líquida, os nutrientes podem (i) ser sorvidos novamente em outros sítios da fase sólida, (ii) ser perdidos por lixiviação ou (iii) ser transportados até a superfície das raízes por difusão (mecanismo predominante para os nutrientes de menor mobilidade no solo) e/ou por fluxo de massa (mecanismo predominante para os nutrientes de maior mobilidade no solo). A água é o veículo responsável por esse transporte.

A difusão ocorre em resposta a um gradiente de concentração, enquanto o fluxo de massa ocorre em resposta ao fluxo transpiracional. Para nutrientes de baixa mobilidade, como o fósforo, o fluxo difusivo em direção à superfície radicular é reduzido quando o teor de umidade do solo é mais baixo e a textura mais argilosa (Tab. 4.1). Como exemplo, de acordo com Costa *et al.* (2006), o fluxo difusivo de fósforo diminuiu de 0,91 para 0,41 $\mu mol\ cm^{-2}$ em 15 dias, quando o porcentual de poros preenchidos por água caiu de 80% para 20% (Tab. 4.1). O aumento do teor de argila de 130 $g\ kg^{-1}$ para 760 $g\ kg^{-1}$ também contribuiu para reduzir esse fluxo, independente do teor de umidade, devido à maior sorção do fósforo pelo solo. Esse fato decorre dos teores mais elevados de óxidos de ferro e alumínio nos solos mais argilosos, com consequente redução do fluxo difusivo de fósforo.

Tab. 4.1 Fluxo difusivo de fósforo em solos com teores variáveis de argila e umidade

Teor de argila	Porcentual de poros ocupados pela água		
	20	60	80
	$\mu mol\ cm^{-2}$ em 15 dias		
130 $g\ kg^{-1}$	0,41	0,61	0,91
560 $g\ kg^{-1}$	0,08	0,42	0,88
760 $g\ kg^{-1}$	0,07	0,17	0,24

Fonte: Costa *et al.* (2006).

Para situações em que o nutriente é transportado no solo predominantemente por fluxo em massa, como ocorre com o cálcio, a concentração na superfície das raízes será tanto maior quanto maior também for a transpiração das árvores. Nessas situações, a capacidade de absorção de nutrientes pelas plantas é um fator ainda mais determinante para a aquisição do referido nutriente a partir da solução do solo.

Outra característica que influencia a nutrição das plantas é a densidade do solo, seja por restrição no crescimento das raízes, seja por sua interferência na movimentação de nutrientes. Como exemplo, na Tab. 4.2, pode-se observar redução do fluxo difusivo de potássio em solos submetidos à compactação, sendo a magnitude desse efeito dependente da textura e da umidade do solo (Costa et al., 2009). No solo mais arenoso, a compactação teve efeito mais negativo sobre o fluxo difusivo quando a umidade do solo era maior. O inverso aconteceu no solo mais argiloso. Provavelmente, esses efeitos estão relacionados à continuidade da película de água no espaço poroso e à proximidade do nutriente da superfície das partículas do solo.

Tab. 4.2 Fluxo difusivo de potássio influenciado pela textura, umidade e compactação do solo

Teor de argila	Compactação	Porcentual de poros ocupados pela água		
		20	60	80
		$\mu mol\ cm^{-2}$ em 15 dias		
130 g kg^{-1}	Sem compactação	9,9	28,7	51,5
	Com compactação	7,6	15,6	24,9
760 g kg^{-1}	Sem compactação	29,4	44,9	54,5
	Com compactação	19,5	38,4	42,6

Fonte: Costa et al. (2009).

4.2 A INFLUÊNCIA DAS CARACTERÍSTICAS DA PLANTA NA NUTRIÇÃO MINERAL

Várias características intrínsecas das plantas determinam a demanda de nutrientes para o alcance da produtividade desejada, como composição genética, capacidade produtiva, eficiência de absorção e utilização de nutrientes, entre outras. Quando o nutriente chega à superfície da raiz, são a arquitetura, a morfologia e a eficiência de absorção do sistema radicular que determinam a quantidade de nutrientes a ser absorvida. As raízes finas (com diâmetro em torno de 3 mm) são consideradas as principais responsáveis pela absorção de água e nutrientes. Em geral, esse tipo de raiz se concentra nas camadas superficiais do solo, e sua densidade (cm cm^{-3}) reduz exponencialmente em profundidade. Vogel et al. (2005) relataram que 83% da biomassa de raízes finas de P. taeda encontravam-se nos primeiros 30 cm de profundidade em um Cambissolo no Rio Grande do Sul. Essa massa correspondia a 8,7 km ha^{-1} de raízes e a 78% de todas as raízes finas. No entanto, essa distribuição pode variar com o tipo de solo: conforme relatado por Van Rees e Comerford (1986), em um Espodossolo (*Spodosols*) do centro-norte da Flórida, um terço do comprimento das raízes finas (< 1 mm) de *P. elliottii* achava-se no horizonte argílico, além de estar a um metro de profundidade. Além disso, o volume de solo ocupado com raízes finas aumenta, com a idade do povoamento de um a quatro anos, de 13% para mais de 60%. Contudo, a quantidade relativa do sistema radicular diminui com a idade, como registrado por Barros Filho et al. (2017) para as condições de Arapoti (PR), onde a redução foi de 30% da biomassa total da árvore aos dois anos de idade para aproximadamente 10% aos oito anos.

A intensidade de micorrização das raízes exerce papel fundamental na absorção de nutrientes pelos *Pinus*, principalmente aqueles nutrientes de menor mobilidade no solo, como fósforo e zinco. As hifas são a estrutura micorrízica responsável pela absorção e transferência de P da solução para o interior das raízes de *Pinus*. Vários transportadores com alta afinidade com o P têm sido identificados nas hifas, e essa afinidade é dependente do fungo micorrízico considerado, de acordo com Plassard e Dell (2010). Nesse estudo, o valor médio de Km (constante de Michaelis-Menten) de raízes micorrizadas foi de 6,0 µM de fósforo inorgânico, comparado com 12,1 µM em raízes não micorrizadas. A velocidade máxima ($V_{máx}$) de absorção de fósforo pelas raízes micorrizadas foi também muito superior (2,5 nmol g^{-1} s^{-1}) em relação às não micorrizadas (0,08 nmol g^{-1} s^{-1}).

Após sua absorção pelas raízes, os nutrientes são transportados e alocados nos vários órgãos ou compartimentos da planta para cumprir suas funções. Alguns nutrientes, depois de alocados ou incorporados a certos compostos, podem ser remobilizados ou retranslocados. Esses processos são mais intensos em tecidos mais velhos, mas de grande significado em plantios florestais, concorrendo para o aumento da eficiência de uso dos nutrientes pelas plantas (Miller, 1984). A retranslocação tem maior magnitude para nutrientes mais móveis nas plantas, como nitrogênio, fósforo, potássio e magnésio, e chamada por muitos autores de ciclagem bioquímica. Para os nutrientes menos móveis ou imóveis nas plantas, como cálcio e a maioria dos micronutrientes, a transferência ocorre entre a planta e o solo, e é denominada ciclagem biogeoquímica. Esses dois tipos de ciclagens são de grande importância no manejo nutricional de povoamentos florestais e compõem os processos apresentados na Fig. 4.1. Com a adoção desse conceito, as técnicas de manejo da floresta assumem um papel fundamental na transferência de nutrientes no sistema solo-planta e, por isso, são aqui consideradas como parte da nutrição florestal.

O bom manejo nutricional requer que os nutrientes estejam disponíveis no tempo e no espaço para absorção pela planta. A quantidade de nutrientes requeridos pelo povoamento depende da produção esperada e da eficiência com que a floresta os utiliza. Em geral, há estreita relação entre a taxa de acúmulo de biomassa e o conteúdo de nutrientes no povoamento, como pode ser visto na Tab. 4.3. Entre a época do plantio e o quarto ano, a disponibilidade de nutrientes deve ser mais elevada para atender à demanda das árvores. Nos anos seguintes, a taxa de acúmulo de nutrientes na biomassa diminui e, por conseguinte, a demanda também. Nas idades iniciais, os nutrientes são alocados em maior proporção nos órgãos responsáveis pela captura de recursos (luz, água e nutrientes) do meio, isto é, acículas e raízes, e depois tende a ocorrer uma redução relativa em razão do maior aporte de carbono no tronco da árvore. Quando o crescimento do povoamento se aproxima do valor correspondente à capacidade do sítio, a ciclagem biogeoquímica se intensifica, a demanda por nutrientes diminui e a sua quantidade na biomassa tende a se estabilizar. Nessa linha, no Estado do Paraná, constatou-se a redução relativa do conteúdo de fósforo e de biomassa nas raízes, mas tal fato não foi observado nas acículas, nas quais o conteúdo relativo se manteve quase inalterado (Fig. 4.2), a despeito da mobilidade do nutriente nas plantas. Isso indica que a absorção e a alocação do nutriente nesse órgão se mantiveram elevadas, provavelmente pelo teor do nutriente no solo, que era de 4,8 mg dm^{-3} após os oito anos de crescimento do povoamento, valor superior ao teor crítico para atender à demanda do *Pinus* na região (Barros Filho et al., 2017) (Fig. 4.2). No caso do cálcio, nutriente imóvel na planta, a alocação relativa nas acículas se mostrou aderente à redução de biomassa, o que já era esperado. Entretanto, nas raízes, essa aderência não foi observada, e o conteúdo relativo se manteve mais alto, mesmo com a redução de biomassa radicular com o avanço da idade. No solo, os teores de cálcio não mostraram alteração com o avanço da idade do plantio, indicando que a capacidade de suprimento do nutriente às árvores foi mantida (Barros Filho et al., 2017).

Tab. 4.3 Biomassa e conteúdo de nutrientes em plantios de *Pinus taeda*, em uma sequência de idade

Idade (ano)	Biomassa (mg ha^{-1})	N	P	K	Ca	Mg
		(kg ha^{-1})				
2	4,2	27	3	17	5	2
4	60	275	23	129	89	26
7	73	355	21	115	89	24
8	97	437	46	129	87	31
10	146	417	32	144	152	38
14	184	423	27	121	191	45

Fonte: adaptado de Witschoreck (2008).

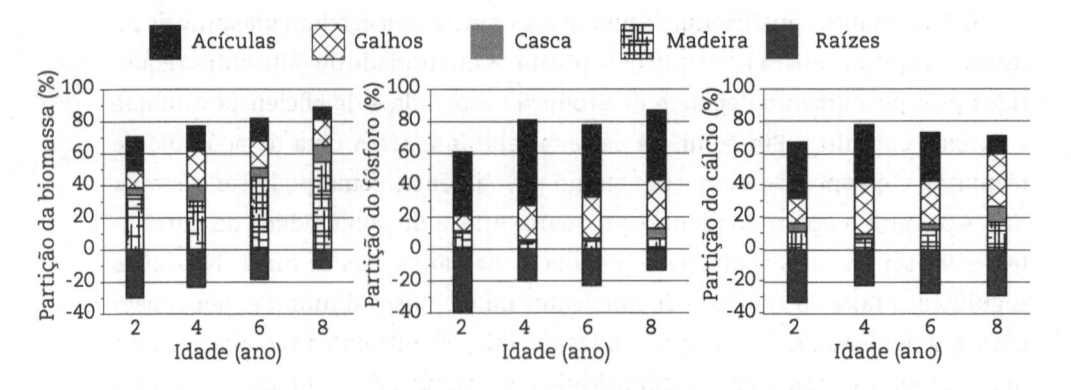

Fig. 4.2 Partição da biomassa total e do conteúdo de fósforo e cálcio em plantios de *Pinus taeda*, de dois a oito anos de idade, em Arapoti (PR)
Fonte: adaptado de Barros Filho *et al*. (2017).

A transferência de nutrientes entre órgãos da árvore (ciclagem bioquímica) e entre árvore e solo (ciclagem biogeoquímica) intensifica-se com o aumento da idade do povoamento. A ciclagem bioquímica é observada somente para nutrientes móveis nas plantas, que são remobilizados e/ou retranslocados de tecidos, ou de partes mais velhas para as mais novas. Esse tipo de ciclo também é impulsionado pela baixa capacidade do solo em atender à demanda de nutrientes da planta. Assim, em solos de baixa fertilidade, a ciclagem bioquímica é relativamente mais intensa, com transferência de nutrientes para a formação de tecidos novos. Como consequência, em folhas ou tecidos mais velhos são observados sintomas de deficiências minerais de nutrientes móveis. A proporção de retranslocação de potássio em geral é mais alta do que a de nitrogênio e fósforo, em razão de o nutriente não participar da estrutura de qualquer composto na planta. No caso do nitrogênio e do fósforo, as porções e formas lábeis na planta podem ser retranslocadas de tecidos mais velhos ou senescentes para tecidos mais jovens e em formação. Em condições de sítio, que favoreçam o rápido crescimento ou elevada produtividade e, por consequência, demandam mais nutrientes, a ciclagem bioquímica pode ser mais intensa. Segundo Neirynck *et al.* (1998), em povoamentos muito produtivos de *Pinus nigra* na Bélgica, a retranslocação de fósforo atendeu a 64% da demanda anual das árvores. A proporção de nitrogênio retranslocado variou de 23% a 35%, ainda que o *input* atmosférico do nutriente tenha sido elevado. Pouco antes da abscisão das acículas, a retranslocação atingiu seu máximo, chegando próximo de 70% para nitrogênio e 80% para fósforo e potássio.

A ciclagem biogeoquímica é a mais estudada em plantações de *Pinus*, e as principais informações existentes no Brasil foram revistas por Reissmann e Wisnewski (2004). Segundo os autores, a quantidade de *litter* produzido aumenta com a idade, e a produtividade do povoamento se estabiliza quando o crescimento atinge a capacidade de sítio. Os dados apresentados nesse estudo mostram que a produção de litter varia de 6 a 9 mg ha^{-1} por ano, dependendo da espécie e do tipo de solo. Por exemplo, Polglase, Jokela e Comerford (1992) encontraram que, numa mesma condição ambiental, o P. taeda, por crescer mais rapidamente, produziu mais litter que o P. elliottii, sendo a taxa de decomposição do litter também maior.

A ciclagem biogeoquímica é a principal via de retorno de nutrientes ao solo, especialmente os de menor mobilidade no floema das plantas, como o cálcio. Quanto ao nitrogênio, apesar de sua alta mobilidade na planta, a quantidade retornada via litter também é elevada, em razão de sua maior absorção pelas árvores. Polglase, Jokela e Comerford (1992) relataram que o retorno anual de nitrogênio varia de 37 a 45 kg ha^{-1}; o de fósforo, de 1,1 a 2,3 kg ha^{-1}; o de potássio, de 3,1 a 6 kg ha^{-1}; o de cálcio, de 20 a 26,6 kg ha^{-1}; e o de magnésio, de 5 a 5,7 kg ha^{-1}. A decomposição relativamente lenta do litter em plantios de Pinus causa um acúmulo considerável desse material no piso dos povoamentos, com a quantidade variando conforme a taxa de deposição e as condições edafoclimáticas. Reissmann e Wisnewski (2004) reportaram valores que variam entre 14 e 84 mg ha^{-1} para P. elliottii e P. taeda, em diferentes idades e tipos de solo. Poggiani (1985) encontrou que a taxa de renovação instantânea (quantidade de litter depositada anualmente/quantidade de litter existente sobre o solo) do litter de P. oocarpa foi de 0,37, enquanto a de P. caribaea var. hondurensis foi de 0,41. Nessa mesma linha, Polglase, Jokela e Comerford (1992) relataram que a taxa de decomposição do litter de plantios de P. taeda foi maior do que a de P. elliottii, com liberação mais rápida de fósforo quando o litter era produzido por plantios adubados.

As quantidades de nutrientes imobilizados no material acompanham as variações nas quantidades de litter depositado, registrando, para nitrogênio, conteúdos de 61 a 826 kg ha^{-1}; para fósforo, de 5 a 42 kg ha^{-1}; para potássio, de 4 a 76 kg ha^{-1}; para cálcio, de 17 a 138 kg ha^{-1}; e para magnésio, de 4 a 27 kg ha^{-1} (Reissmann; Wisnewski, 2004).

4.3 A INFLUÊNCIA DAS TÉCNICAS DE MANEJO FLORESTAL NA NUTRIÇÃO MINERAL

As técnicas de manejo florestal, como preparo do solo, adubação, controle da matocompetição e desbastes, visam aumentar a disponibilidade dos recursos de crescimento. A aquisição desses recursos pode variar entre materiais genéticos. No caso específico das espécies de Pinus mais cultivadas no Brasil, o P. taeda apresenta, por exemplo, demanda nutricional superior à do P. elliottii, seja por um requerimento específico maior (Jokela; Dougherty; Martin, 2004), seja em decorrência de seu crescimento mais rápido.

4.3.1 Preparo da área e do solo para o plantio

As técnicas de preparo da área e do solo, em tese, devem variar com as condições do local a ser plantado. Embora seja comum a opinião de que *Pinus* são plantas que requerem menos cuidados na fase jovem do que os eucaliptos, por exemplo, o controle ou eliminação mecânica ou química da vegetação espontânea é a primeira providência que deve ser tomada. Tais cuidados são mais justificáveis em climas subtropicais e tropicais, nos quais o crescimento de *Pinus* é mais rápido, exigindo, portanto, maior disponibilidade de recursos de crescimento. A eliminação da vegetação existente previne ou reduz a competição por luz, água e nutrientes, e o preparo do solo, ainda que mínimo, permite o crescimento mais rápido do sistema radicular das mudas de *Pinus*, aumentando a aquisição de água e nutrientes. No sudeste dos Estados Unidos, o ganho de crescimento do *P. elliottii* em decorrência do preparo do local de plantio tem sido significativo, particularmente onde a vegetação é composta por espécies mais agressivas e o solo é sujeito ao alagamento, no qual a técnica de *bedding* facilita a ocupação mais rápida do sítio.

4.3.2 Densidade de plantio

O plantio de mudas de *Pinus* em espaçamento mais fechado permite a ocupação mais rápida do sítio, mas impõe maior demanda dos recursos do solo, ou seja, água e nutrientes. Não havendo limitação acentuada na disponibilidade desses recursos, o desbaste, ou a colheita do povoamento, deve ser feito em idades mais jovens. Com o desbaste, cada árvore remanescente aumenta sua demanda por água e nutrientes à medida que aumenta sua área foliar. De acordo com Vieira, Schumacher e Bonacina (2011), em um primeiro desbaste, pode ser deixado, na área, um número de árvores que contribua apenas com cerca de 30% da biomassa existente antes da operação.

4.3.3 Matocompetição

A vegetação espontânea compete com a espécie florestal por recursos de sítio, podendo reduzir a disponibilidade de luz, água e nutrientes. A maior parte dos estudos tem focado a competição por água e nutrientes e mostrado que a perda de produtividade pode ser muito significativa, sobretudo em relação ao último recurso. Swindel *et al.* (1988) testaram o efeito do material genético, adubação, irrigação e controle de mato no crescimento inicial de *Pinus* na região costeira no sul dos Estados Unidos e relataram que o efeito do controle de mato, ou da aplicação de adubação, mais do que quadriplicou o volume de tronco aos quatro anos de idade do plantio, e que a ação conjunta das duas técnicas contribuiu para multiplicar por dez o crescimento.

O efeito da competição é mais acentuado em idades mais jovens do povoamento, particularmente o de matocompetição. Revendo os trabalhos sobre o assunto, Jokela, Dougherty e Martin (2004) relataram que só o controle da matocompetição permitiu um ganho de 66% e 130% na biomassa de *P. elliottii* e *P. taeda*, respectivamente, à idade de 16 anos e na mesma região. A magnitude da diferença entre adotar ou não essas técnicas em plantios de *P. taeda* variou de duas a três vezes e meia, de acordo com as condições do ambiente, clima e solo, na Geórgia e Flórida, respectivamente. A adoção dessas técnicas de manejo, além de propiciar ganho de produtividade, permitiu antecipar a colheita dos plantios.

4.3.4 Adubação e calagem

A adubação é a técnica mais efetiva para suprir nutrientes minerais a plantios realizados em solos com baixa fertilidade. Contudo, algumas perguntas devem ser respondidas antes de sua utilização racional:

- Em que situação há possibilidade de ganhos de produção?
- Qual a quantidade de fertilizantes (ou corretivos) a ser aplicada?
- Quais fertilizantes devem ser utilizados?
- Quando e como o fertilizante deve ser aplicado?
- Qual o retorno econômico esperado?

Para responder à primeira questão, é necessário disponibilizar métodos para avaliação da fertilidade do solo ou de diagnose do *status* nutricional do plantio. A avaliação da fertilidade normalmente é feita por meio de análises químicas do solo e requer a existência de indicadores de disponibilidade de nutrientes e critérios para interpretação e recomendação de corretivos e fertilizantes. O desenvolvimento de uma estratégia de recomendação passa pelas fases de correlação e calibração que, em geral, são demoradas, especialmente para culturas perenes como as florestais.

Ressalta-se que os estudos de adubação mineral de *Pinus* no Brasil são relativamente escassos, o que dificulta o desenvolvimento de tabelas de interpretação de análises de solo e recomendação de corretivos e fertilizantes para a essência. Gonçalves (1995) propôs teores referenciais e doses de nitrogênio, fósforo e potássio, reunidos na Tab. 4.4, que correspondem praticamente à metade daqueles sugeridos pelo autor para o eucalipto. As doses de nitrogênio atingem, no máximo, 40 kg ha^{-1}, se o teor de matéria orgânica do solo for menor do que 15 g dm^{-3}; para teores de matéria orgânica entre 16 e 40 g dm^{-3}, a dose é de 20 kg ha^{-1}. A adubação nitrogenada não seria recomendada se os teores de matéria orgânica fossem superiores a esses valores. Para fósforo e potássio, as doses são determinadas em função do teor de argila e dos teores desses nutrientes no solo, determinados por resina trocadora de íons.

Tab. 4.4 Quantidades de fósforo e potássio recomendadas para *Pinus*

		Argila (%)		
	Teor no solo	< 15	15-35	> 35
		Doses de P_2O_5 (kg ha^{-1})		
P-resina (mg dm^{-3})	< 2	30	45	60
	3-5	20	35	50
	6-8	0	0	0
		Doses de K_2O (kg ha^{-1})		
K-resina (mmol dm^{-3})	< 0,7	30	40	50
	0,8-1,5	20	30	40
	> 1,5	0	0	0

Fonte: Gonçalves (1995).

O balanço de nutrientes no sistema solo-planta representa uma alternativa de construção de tabelas de recomendação. Barros Filho et al. (2017) converteram os conteúdos de fósforo, potássio, cálcio e magnésio em plantios de P. taeda de oito anos de idade e volume médio em torno de 350 m³ ha^{-1}, cultivados no Paraná, em teores desses nutrientes no solo, e chegaram aos valores constantes da Tab. 4.5.

Tab. 4.5 Teores de fósforo, potássio, cálcio e magnésio em duas camadas de solo derivados da conversão do conteúdo de nutrientes na biomassa de árvores de *P. taeda*, aos oito anos de idade

Camada do solo (cm)	P	K	Ca	Mg
	(mg dm^{-3})*		(cmol$_c$ dm^{-3})**	
0-20	2,6	66,6	0,32	0,17
20-40	1,1	30,8	0,14	0,07

*Extrator Mehlich 1. **Extrator KCl 1 mol L^{-1}. Assume-se que 70% dos nutrientes foram absorvidos da primeira camada do solo e 30% da segunda camada.
Fonte: Barros Filho et al. (2017).

Em um experimento conduzido em Cambará do Sul (RS), em solo com teores de P e K de 1,5 e 49 mg dm^{-3} pelo extrator Mehlich, respectivamente, Vogel et al. (2005) não obtiveram resposta significativa de P. taeda, com 19 meses, ao nitrogênio, mas encontraram uma relação quadrática entre as doses de fósforo e o crescimento em altura e diâmetro das árvores. O crescimento máximo foi obtido com a combinação de 64 e 87 kg ha^{-1} de P_2O_5 e K_2O, respectivamente. Já Moro et al. (2014) relataram uma resposta inicial de P. taeda à aplicação de fósforo (75 kg ha^{-1} de P_2O_5), mesmo em solo com 5 mg dm^{-3} do nutriente (Cambissolo Húmico). Nesse experimento, resposta a nitrogênio e potássio só foi observada quando a adubação foi aplicada a plantios com idade entre cinco e nove anos.

Nessas idades, o maior incremento em volume foi alcançado com a aplicação de 70, 75 e 60 kg ha⁻¹ de N, P_2O_5 e K_2O, respectivamente. Ressalta-se que o teor de potássio no solo variava de 30 a 72 mg dm⁻³.

Bellote et al. (2003) também alegaram resposta de P. taeda cultivado em solos arenosos em Jaguariaíva (PR) com ganhos em volume próximo de 100%, atribuídos principalmente ao fósforo e ao potássio. Já em Arapoti (PR), também em solos arenosos, Silva et al. (2003) registraram ganhos de até 142% em biomassa de P. taeda, aos cinco anos de idade, em relação à testemunha, ao combinarem N, P, K, Mg e B aplicados na cova de plantio, sendo os maiores efeitos decorrentes do potássio, magnésio e boro.

Efeitos positivos da adubação e calagem no crescimento de P. *caribaea* e P. *oocarpa* cultivados no Cerrado de Minas Gerais foram descritos por Capitani, Speltz e Campos (1983a). A espécie P. *caribaea* var. *bahamensis*, aos três anos de idade, respondeu principalmente ao fósforo, e a melhor dose foi de 100 g por planta na forma de superfosfato triplo. Já o P. *caribaea* var. *hondurensis* respondeu também à aplicação de calcário dolomítico (Capitani; Speltz; Campos, 1983b).

Esses trabalhos deixam clara a importância da adubação para o maior crescimento de Pinus no Brasil e a necessidade de pesquisa sistematizada ou um maior número de experimentos para a definição segura de critérios que embasem a decisão de correção do solo e adubação mineral dessa cultura. Portanto, a ideia de que plantios de Pinus não precisam ser adubados não se sustenta para a maioria das condições brasileiras. Essa necessidade se acentua à medida que técnicas mais intensivas de manejo, como seleção de material genético, preparo do solo e controle de matocompetição, são utilizadas. Os trabalhos de Barros Filho et al. (2017) e de Gonçalves (1995) são um guia muito valioso, enquanto informações detalhadas não estão disponíveis.

Na silvicultura brasileira, a diagnose foliar tem sido utilizada para a verificação da assertividade das recomendações de adubação, em especial para os plantios de eucalipto. Se o teor foliar de algum nutriente estiver abaixo das normas ou teores referenciais, adubação suplementar pode ser recomendada. Essa técnica é de grande valia em plantios conduzidos em rotações mais longas e, no caso de Pinus, em povoamentos submetidos ao desbaste.

A análise foliar como método diagnóstico tem como pressuposição a existência de estreita relação entre o teor do nutriente na folha e a sua disponibilidade no solo. A utilização dessa análise requer o estabelecimento de procedimentos padrões para amostragem das acículas, incluindo idade, época e posição de amostragem e teores referenciais (normas) para cada nutriente. No Estado do Paraná, Reissmann e Wisnewski (2004) relataram estudos nos quais as acículas de P. *taeda* foram coletadas do primeiro lançamento do segundo galho no terço superior da copa, na exposição norte, de árvores dominantes.

De acordo com Jokela (2002), as acículas devem estar totalmente alongadas e corresponder ao ano de crescimento corrente, mas à época de dormência, quando o crescimento não é intenso, ou seja, no período do inverno. Cada estrato de amostragem deve ser o mais uniforme possível, e pelo menos 20 árvores por estrato devem ser amostradas (Gonçalves, 1995). Após as análises dos tecidos, os resultados encontrados devem ser comparados com teores referenciais, a exemplo dos apresentados na Tab. 4.6. A despeito das diferenças na origem desses teores referenciais, eles são relativamente bem alinhados entre si. Os teores que discrepam para mais podem ser decorrentes da maior disponibilidade do nutriente em questão no solo, enquanto os teores inferiores aos listados na Tab. 4.6 podem estar associados a sintomas visuais de deficiência nutricional, que pode causar alterações visíveis de coloração e forma das folhas e de meristemas apicais. Para nutrientes móveis nas plantas, os sintomas de deficiência aparecem em acículas mais velhas, em razão da remobilização de parte dos nutrientes para acículas mais jovens que se encontram em desenvolvimento. A senescência da acícula é uma consequência comum da intensificação da deficiência desses nutrientes. Para nutrientes de menor mobilidade ou imóveis na planta, os sintomas aparecem em acículas ou meristemas mais jovens. Para mais detalhes sobre os principais sintomas de deficiência mineral em *Pinus*, ver Gonçalves (1995).

Tab. 4.6 Teores referenciais de nutrientes para *Pinus taeda* nos Estados Unidos e para *Pinus* spp. no Brasil

Fonte	N	P	K	Ca	Mg	S
	g kg^{-1}					
Jokela (2002)	12	1,2	3	1,2	0,8	1
Gonçalves (1995)	11-16	0,8-1,4	6-10	3-5	1,3-2,0	1,3-1,6
Reissmann e Wisnewski (2004)*	18,1	1,8	5,9	1,2	0,6	-
	B	Zn	Cu	Mn	Fe	
	mg kg^{-1}					
Jokela (2002)	6	15	2,5	30	30	
Gonçalves (1995)	12-25	30-45	4-7	250-600	100-200	
Reissmann e Wisnewski (2004)*	21	43	6	706	120	

*Teores correspondentes a árvores dominantes de *P. taeda* com 15 anos de idade, no Paraná.

Em determinadas situações, ao efetuar o desbaste do povoamento, cria-se a possibilidade de novos ganhos de crescimento com adubação. Esse ganho é esperado quando o solo tem reduzida disponibilidade de nutrientes e a taxa de decomposição dos resíduos deixados pós-desbaste é lenta e insuficiente para atender ao novo ciclo de crescimento das árvores remanescentes. No entanto, a literatura não registra muitos estudos com resultados de adubação de plantios de *Pinus* pós-desbaste. Jokela (2002) sugere adubações de plantios logo após o "fechamento das copas", ocasião em que o desbaste já devia ter sido realizado. Segundo esse autor, as respostas são mais pronunciadas à aplicação combinada de nitrogênio e fósforo, em doses definidas conforme o tipo de solo e variando entre 150 e 200 kg ha^{-1} para o primeiro nutriente, e em torno de 58 kg ha^{-1} para o segundo. Em solos deficientes em potássio, a dose recomendada varia entre 60 e 96 kg ha^{-1} de K$_2$O. Para maior assertividade das recomendações, o autor sugere a execução de análises foliares, incluindo micronutrientes.

Para as condições de Cambará do Sul (RS), no primeiro desbaste de *P. taeda*, foram removidos 35,7 mg ha^{-1} de biomassa de tronco (71,7% da biomassa da parte aérea). Imobilizados nessa biomassa, estavam contidos 40% a 58% dos macronutrientes e 41% a 62% dos micronutrientes (Vieira; Schumacher; Bonacina, 2011). Portanto, em solos de baixa fertilidade, a expectativa de resposta à adubação pós-desbaste é considerável.

4.3.5 Desbastes e intensidade da colheita

A exportação de nutrientes da área de plantio via colheita florestal ou material resultante do desbaste pode ser significativa e causar perda de produtividade florestal nas rotações subsequentes. Essa possível redução da produtividade aumenta à medida que maior quantidade de biomassa é removida da área, o que requer a reposição dos nutrientes exportados pela aplicação de adubos e corretivos. Esse fato é comum em qualquer tipo de exploração florestal e pode ser minimizado com a colheita somente do componente de interesse, a madeira. De acordo com Vieira, Schumacher e Bonacina (2011), se, no primeiro desbaste de um povoamento de *P. taeda*, a colheita se limitasse à madeira comercial do tronco, deixando os demais componentes na área do talhão, a remoção de todos os nutrientes seria inferior a 47%. No caso da colheita total, esse porcentual seria muito mais elevado. Em povoamento de 27 anos de idade no estudo de Schumacher *et al.* (2013), a biomassa de madeira do tronco representou 69% e continha 46,3% dos nutrientes absorvidos pela árvore. Assim, a colheita da biomassa aérea total acrescentaria 41% ao produto colhido, mas elevaria a exportação entre 58% e 127%, dependendo do nutriente considerado. Resultados semelhantes foram relatados por Sixel *et al.* (2015), pelos quais a colheita do tronco de *P. taeda* de 16 anos, sem desbaste, removeria de 44% a 53% de fósforo, potássio, magnésio e enxofre, e uma proporção menor de cálcio (34%) e nitrogênio (24%). A exportação de fósforo seria a maior (67%), e a de nitrogênio a menor, chegando a 43% do contido na árvore, caso toda a biomassa aérea fosse colhida. Nesse tipo de colheita, o sistema solo-planta seria capaz de fornecer fósforo para duas rotações e nitrogênio por mais de oito rotações. Depois do fósforo, o potássio e o enxofre seriam os dois próximos nutrientes a limitar a produtividade em três rotações.

4.4 Considerações finais

A cultura de Pinus tem importância significativa para a economia do Brasil, com predominância de áreas plantadas nos Estados do sul do País, cujas condições climáticas se caracterizam por temperaturas médias mais baixas, o que resulta em taxas de crescimento menores. As características dos solos utilizados são variáveis e, associadas ao clima, criam um mosaico de condições que dificulta a definição de técnicas comuns de cultivo. Mesmo assim, os resultados aqui apresentados mostram que o emprego da fertilização tem contribuído para ganhos de produtividade.

Estudos sistematizados são necessários para o estabelecimento de critérios mais seguros no manejo nutricional dos plantios. A elevada produtividade em determinadas situações sinaliza a relevância do manejo racional dos povoamentos para prevenir a perda de produtividade ao longo das rotações.

Referências bibliográficas

BARROS FILHO, N. F. et al. Tree growth and nutrient dynamics in Pine plantations in Southern Brazil. *Rev. Bras. Cienc. Solo*, v. 41, e0160400, 2017.

BELLOTE, A. F. J.; KASSENBOEHMER, A. L.; DEDECEK, R. A.; SILVA, H. D. *Efeito da adubação na produtividade e no acúmulo de nutrientes em* Pinus taeda. São Paulo: SBS/SBEF, 2003.

CAPITANI, L. R.; SPELTZ, G. E.; CAMPOS, W. O. Adubação fundamental por omissão em Pinus oocarpa Scheide e Pinus caribaea Morelet var. hondurensis Barret & Golfari, em Romaria, Minas Gerais. *Silvicultura*, São Paulo, v. 8, n. 28, p. 231-4, 1983a.

CAPITANI, L. R.; SPELTZ, G. E.; CAMPOS, W. O. Efeitos de calagem e adubação fosfatada no desenvolvimento de Pinus caribaea Morelet var. bahamensis. *Silvicultura*, São Paulo, v. 8, n. 28, p. 235-8, 1983b.

COSTA, J. P. V.; BARROS, N. F.; BASTOS, A. L.; ALBUQUERQUE, A. W. Fluxo difusivo de potássio em solos sob diferentes níveis de umidade e de compactação. *Rev. Bras. Eng. Agric. Ambiental*, v. 13, p. 56-62, 2009.

COSTA, J. P. V. et al. Fluxo difusivo de fósforo em função de doses e da umidade do solo. *Rev. Bras. Eng. Agric. Ambiental*, v. 10, p. 828-835, 2006.

FOX, T. R.; COMERFORD, N. B. Low-molecular-weight organic acids in selected forest soils of the Southeastern USA. *Soil Science Soc. Am. Journal*, v. 54, p. 1139-1144, 1990.

FOX, T. R.; COMERFORD, N. B. Rhizosphere phosphatase activity and phosphatase hydrolysable organic phosphorus in two forested spodosols. *Soil Biol. Biochem.*, v. 24, p. 579-583, 1992. DOI: 10.1016/0038-0717(92)90083.

GONÇALVES, J. L. M. *Recomendações de adubação para* Eucalyptus, Pinus *e espécies típicas da Mata Atlântica*. Piracicaba: Departamento de Ciências Florestais, ESALQ, Universidade de São Paulo, 1995. 23 p. (Documentos Florestais nº 15.)

JOKELA, E. Nutrient management of southern Pines. In: DICKENS, E. D.; BARNETT, J. P.; HUBBARD, W. G ; JOKELA, E. J. (ed.). *Proceedings of the Slash Pine Symposium*. Jekyll Island: USDA; USFS, 2002. p. 27-35. (General Technical Report SRS-76.)

JOKELA, E. J.; DOUGHERTY, P. M.; MARTIN, T. A. Production dynamics of intensively managed loblolly Pine stands in the southern United States: a synthesis of seven long-term experiments. *Forest Ecology and Management*, v. 102, p. 117-130, 2004.

MILLER, H. G. Nutrient cycling dynamics. In: BOWEN, G. D.; NAMBIAR, E. K. S. (ed.). *Nutrition of plantation forests*. London: Academic Press, 1984. p. 53-78.

MORO, L. et al. Resposta de Pinus taeda com diferentes idades à adubação NPK no Planalto Sul Catarinense. *Rev. Bras. Cienc. Solo*, v. 38, p. 1181-1189, 2014.

NEIRYNCK, J. et al. Biomass and nutrient cycling of a high productive Corsican Pine stand on former heathland in northern Belgium. *Ann. For Scienc.*, v. 55, p. 389-405, 1998. DOI: 10.1051/forest:19980401.

PLASSARD, C.; DELL, B. Phosphorus nutrition of mycorrhizal trees. *Tree Physiology*, v. 30, p. 1129-1139, 2010. DOI: 10.1093/treephys/tpq063.

POGGIANI, F. *Ciclagem de nutrientes em ecossistemas de plantações florestais de Eucalyptus e Pinus: implicações silviculturais*. 1985. Tese (Livre Docência) – Esalq, Universidade de São Paulo, Piracicaba, 1985.

POLGLASE, P. J.; JOKELA, E. J.; COMERFORD, N. B. Nitrogen and phosphorus release from decomposing needles of southern pine plantations. *Soil Science Soc. Am. J.*, v. 56, p. 914-920, 1992. DOI: 10.2136/sssaj1992.03615995005600030039x.

PRITCHETT, W. L.; COMERFORD, N. B. Long-term response to phosphorus fertilization on selected southeastern Coastal Plain soils. *Soil Science Soc. Am. J.*, v. 46, p. 640-644, 1982.

REISSMANN, C. B.; WISNEWSKI, C. Nutritional aspects of pine plantations. In: GONÇALVES, J. L. M; BENEDETTI, V. (ed.). *Forest nutrition and fertilization*. Piracicaba: IPEF, 2004. p. 141-70.

SCHUMACHER, V. M.; WITSCHORECK, R.; CALIL, F. N.; LOPES, V. G. Biomassa e nutrientes no corte raso de um povoamento de Pinus taeda L. de 27 anos de idade em Cambará do Sul, RS. *Rev. Ciência Florestal*, v. 23, n. 2, 2013. DOI: 10.5902/198050989278.

SILVA, H. D.; BELLOTE, A. F. J.; DEDECEK, R. A.; GOMES, F. S. Adubação mineral e seus efeitos na produção de biomassa em Pinus taeda L. *Anais do 8º Congresso Florestal Brasileiro*. São Paulo: SBS/SBEF, 2003. 5 p.

SIXEL, R. M. M. et al. Sustainability of wood productivity of Pinus taeda based on nutrient export and stocks in the biomass and in the soil. *Rev. Bras. Cienc. Solo*, v. 39, p. 1416-1427, 2015.

SWINDEL, B. F. et al. Fertilization and competition control accelerate early southern pine growth on Flatwoods. *Southern J. Appl. Forestry*, v. 12, p. 116-212, 1988. https://doi.org/10.1093/sjaf/12.2.116.

VAN REES, K. C. J.; COMERFORD, N. B. Vertical root distribution and strontium uptake of a slash pine stand on a Florida Spodosol. *Soil Science Soc. Am. J.*, v. 50, p. 1042-1046, 1986.

VIEIRA, M.; SCHUMACHER, M. V.; BONACINA, D. M. Biomassa e nutrientes removidos no primeiro desbaste de um povoamento de Pinus taeda L. em Cambará do Sul, RS. *Revista Árvore*, v. 35, n. 3, 2011. DOI: 10.1590/S0100-67622011000300001.

VOGEL, H. L. M.; SCHUMACHER, M. V.; STORCK, L.; WITSCHIRECK, R. Crescimento inicial de Pinus taeda L. relacionado a doses de N, P e K. *Ciência Florestal*, v. 15, p. 199-206, 2005. DOI: 10.5902/198050981837.

VOGEL, J. G.; SUAU, L. J.; MARIN, T. A.; JOKELA, E. J. Long-term effects of weed control and fertilization on the carbon and nitrogen pools of a slash and loblolly pine forest in north-central Florida. *Can J. For. Res.*, v. 41, p. 552-567, 2011.

WITSCHORECK, R. *Biomassa e nutrientes no corte raso de um povoamento de Pinus taeda L. de 17 anos de idade no município de Cambará do Sul, RS*. 2008. 80 f. Dissertação (Mestrado) – Universidade Federal de Santa Maria, Santa Maria, 2008.

5

Preparo do solo e plantio

Mauro Valdir Schumacher, Grasiele Dick

O sucesso da implantação de qualquer povoamento com espécies florestais exóticas, como é o caso do gênero *Pinus*, depende primordialmente das interações entre os componentes bióticos e abióticos. Entre os fatores que afetam a produção florestal (Fig. 5.1), o silvicultor consegue manipular os nutrientes pela fertilização mineral/orgânica e a genética pelo uso de materiais melhorados, mais resistentes às condições ambientais adversas e mais eficientes no uso dos recursos naturais, e consegue otimizar o uso do solo por meio do preparo mais adequado.

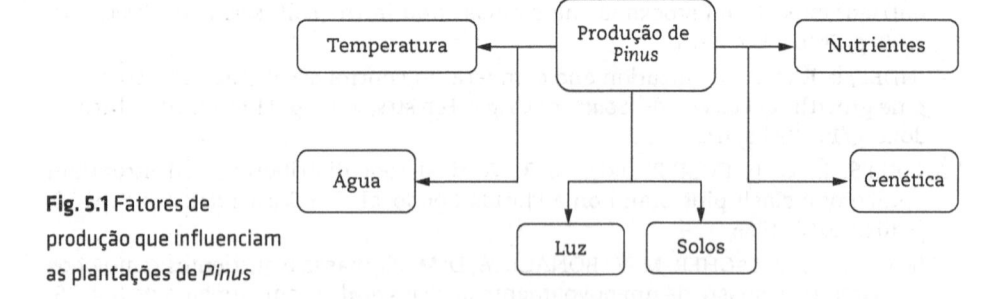

Fig. 5.1 Fatores de produção que influenciam as plantações de *Pinus*

Outro fator relevante e muitas vezes negligenciado é a recomendação do plantio de *Pinus* em solos com profundidade efetiva maior que 50 cm. Essa indicação visa a melhor ancoragem do sistema radicular ao solo, uma maior área de distribuição de raízes para potencializar a absorção de nutrientes e água. Portanto, nas atividades operacionais da silvicultura, pode-se destacar o preparo de solo e a atividade de plantio como uma das fases cruciais e que demandam planejamento criterioso, condicionando ou não a prática da silvicultura.

O grau de dificuldade do preparo de solo e a escolha do método de plantio são definidos em função da utilização prévia da área (campo nativo, lavoura, pecuária, áreas de reforma, ou mesmo silvicultura). A intensidade de condução da atividade pretérita e o manejo dos resíduos gerados determinam diretamente o tipo de prática e os investimentos financeiros com o preparo e o plantio das mudas de Pinus.

Atenção especial deve ser direcionada a cada etapa da implantação dos povoamentos de Pinus, pois o êxito no plantio depende do preparo do solo, da adubação e da manutenção (controle sanitário, controle da matocompetição, desrama, desbaste etc.). Todas essas operações são interligadas e indissociáveis e condicionam o sucesso, ou fracasso, do alcance da produtividade esperada ao final do ciclo. Além do criterioso planejamento das etapas de preparo do solo e plantio, as condições de clima, solo e relevo devem ser consideradas em cada região onde será praticada a silvicultura do Pinus. Por exemplo, conforme as práticas adotadas na América do Norte, mais especificamente nos Estados Unidos (de onde muitas espécies de Pinus são originárias), o preparo superficial do solo é realizado com uso de grade *bedding* (formação de camalhão em solos mal drenados), grade de disco e subsolagem (Lowery; Gjerstad, 1991). Na América do Sul, em especial no Brasil, a maior área com cultivo de espécies de Pinus está localizada nos Estados da Região Sul (Paraná, Santa Catarina e Rio Grande do Sul), que possuem características edafo-climáticas distintas da região de origem do pínus (Estados Unidos). As práticas mais adotadas nas etapas de preparo do solo e plantio de Pinus no Brasil são detalhadas a seguir.

5.1 Manejo dos resíduos

Nas áreas de reforma onde já havia plantações de Pinus, ou mesmo de outras espécies florestais, dependendo do material genético e da produção de biomassa, a quantidade de resíduos (toco, folhas, galhos, ponteiros e serapilheira acumulada) gerados após a remoção da madeira do tronco com casca pode ser muito alta. O volume de madeira produzido ao final do ciclo e a biomassa dos resíduos da colheita florestal são reflexos indissociáveis das condições do sítio onde as árvores de Pinus foram cultivadas, pois, em solos férteis e com disponibilidade hídrica, espera-se produtividade máxima.

O manejo de resíduos está diretamente associado aos sortimentos de madeira e à intensidade de aproveitamento da biomassa das árvores. Considerando os diversos sistemas de colheita do Pinus, o mais adotado nos dias atuais é caracterizado pela remoção de praticamente todo o resíduo para a borda do talhão, no qual são empregados o *harvester* e o *forwarder* para corte e arraste de toras, respectivamente (Fig. 5.2).

Essa forma de colheita e manejo dos resíduos pode facilitar os processos de preparo do solo e de plantio, além de melhorar o rendimento operacional em função da inexistência de impedimentos físicos à circulação de máquinas, otimizando também o combate à formiga, devido à melhor visualização do terreno.

Fig. 5.2 Sortimento de madeira e remoção da árvore inteira do talhão

Em contrapartida, remover os resíduos da colheita causa impacto nos fatores de produção florestal, especialmente na dinâmica hidrológica, com a redução da infiltração de água e o aumento do escoamento superficial, além da compactação e perda de estrutura do solo desnudo. Por consequência, o solo sofre redução dos seus níveis de fertilidade em virtude da remoção da matéria orgânica, somada à exportação dos nutrientes contidos nas copas das árvores (acículas, galhos e ponteiro). Essas saídas de nutrientes do sítio podem ser limitantes à condução de rotações futuras, caso não haja reposição de minerais ao solo.

A questão da disposição dos resíduos sobre o solo também é controversa, pois a distribuição uniforme sobre a área é tão importante quanto a manutenção de resíduos pós-colheita. Ressalta-se que não há efetividade conservacionista quando os resíduos são mantidos no campo na forma de leiras (Fig. 5.3). No entanto, concentrar e acumular os resíduos da colheita das árvores de Pinus em pontos isolados (enleiramento) é uma prática largamente adotada por empresas florestais, em função da praticidade operacional.

Ao enleirar o resíduo, grande parte do solo fica exposto ao impacto direto das gotas de água da precipitação pluviométrica; logo, dependendo do tipo de solo, o risco de erosão é eminente. No solo desprovido de cobertura vegetal e sem resíduos vegetais, a radiação solar é direta e o ciclo de umedecimento e secamento é muito elevado, havendo modificação intensa de alguns fatores de produção florestal. Do ponto de vista ecológico, o ideal é que o resíduo fique distribuído uniformemente sobre a área; tal procedimento é ideal para a cobertura e proteção do solo contra a erosão, além de melhorar a infiltração de água e, sobretudo, manter a matéria orgânica e os nutrientes no sítio.

Fig. 5.3 Aspecto de uma área onde foi realizado o enleiramento dos resíduos da colheita

A importância dos resíduos para a manutenção da fertilidade do solo é enaltecida quando se observa a dinâmica nutricional na biomassa das árvores. Por exemplo, a copa das árvores de *Pinus taeda* (acículas + galhos secos + galhos vivos), apesar de representar um valor porcentual relativamente baixo da quantidade total da biomassa, acumula quantidades expressivas de nutrientes (Fig. 5.4). Destaca-se que aproximadamente 50% do fósforo, elemento tão importante ao crescimento vegetal, encontram-se acumulados na copa. (Witschoreck, 2008).

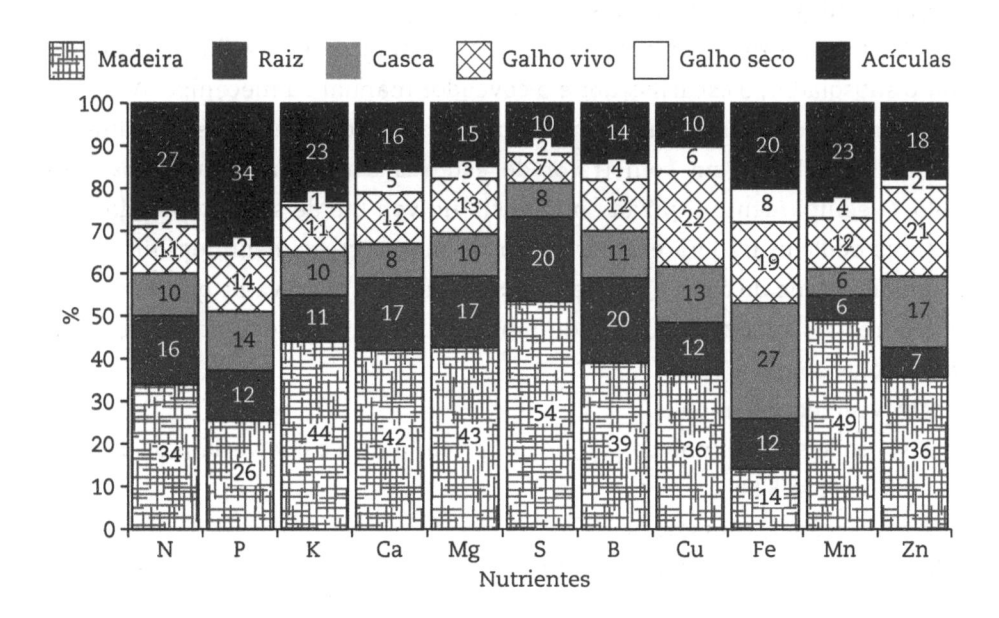

Fig. 5.4 Distribuição relativa dos nutrientes nos diferentes componentes das árvores de *Pinus taeda* aos 17 anos de idade, em Cambará do Sul (RS)
Fonte: adaptado de Witschoreck (2008).

5.2 Preparo de solo

Nas décadas de 1960 e 1970, a silvicultura do *Pinus* utilizava o método convencional de preparo de solo, que basicamente consistia em aração e gradagem em área total. Na época havia um consenso de que a área destinada ao plantio das mudas de espécies florestais necessitava de preparo intensivo. À medida em que se disseminam as práticas conservacionistas de manejo do solo e dada a necessidade tanto de reduzir o custo de implantação pela adequação das práticas de conservação edáfica quanto diminuir os impactos ambientais decorrentes das queimadas de limpeza, o setor florestal busca melhorar suas técnicas e formas de manejo. Essas mudanças gradativas acabaram culminando na recomendação do preparo reduzido ou cultivo mínimo na silvicultura.

O preparo reduzido ou cultivo mínimo pode ser entendido como o preparo de solo "onde o revolvimento realizado é mínimo, mantendo-se os resíduos vegetais de plantas nativas ou da cultura anterior sobre o solo, atuando funcionalmente como cobertura morta" (Gonçalves; Stape, 2002). Atualmente, para empresas florestais e produtores rurais, essa é a técnica mais indicada de preparo, pois preza pela redução de operações durante o preparo do solo, visando a manutenção ou melhora das características físicas, atividade biológica e fertilidade. Além disso, reduz as perdas de nutrientes do sítio, as infestações de plantas invasoras e as despesas de implantação, aumentando a eficiência operacional das atividades de campo (Gonçalves, 2002).

Para a realização do cultivo mínimo, os implementos utilizados podem ser o subsolador, o escarificador e o coveador manual ou mecânico. A grande maioria das empresas que plantam pínus adota o sistema de coveamento manual e subsolagem com trator de esteiras como forma de preparo de solo. O equipamento utilizado influencia no volume de solo preparado, e as plantas de *Pinus* irão apresentar maior ou menor crescimento em função da disponibilidade de água e nutrientes. Hoje em dia, observa-se que as empresas florestais realizam plantio de pínus utilizando as seguintes formas de preparo de solo:

- coveamento manual;
- subsolagem na linha de plantio em profundidades que variam de 30 cm a 50 cm (Fig. 5.5);
- confecção de camalhões;
- escarificação na linha de plantio.

Uma vez escolhido o local de plantio e analisado o tipo de solo (textura arenosa ou argilosa), deve-se prepará-los de maneira a oferecer as melhores condições de crescimento às plantas de *Pinus*, visando obter a máxima produção. O crescimento das espécies de *Pinus* não é indiferente ao bom estado do solo;

Fig. 5.5 Aspecto de uma área de reforma com preparo de solo reduzido, somente na linha de plantio

as árvores devem encontrar condições ótimas ao crescimento, sobretudo nos primeiros anos, que são mais críticos e decisivos.

Os custos iniciais decorrentes do preparo do solo poderão ser compensados pela economia obtida nos tratamentos silviculturais posteriores. Quando o solo está devidamente preparado, o alinhamento, o coveamento e as limpezas são mais fáceis de executar e, portanto, mais viáveis economicamente. Para alcançar resultados satisfatórios nas aplicações de fertilizantes, deve-se tornar o solo poroso e permeável à água e ao ar, facilitando a penetração de raízes e melhorando o aproveitamento dos nutrientes.

Cabe destacar que, apesar de ser importante realizar o preparo do solo corretamente, considerar e planejar somente essa etapa não é garantia de bons resultados, que são reflexo da interação de um conjunto de fatores. Isso foi observado por Carlson *et al.* (2006), quando constataram que o efeito no crescimento e produção de biomassa de plantas de *Pinus taeda* em resposta ao preparo de solo foi relativamente pequeno quando comparado com outras práticas silviculturais, tais como o controle da matocompetição e fertilização.

5.3 Plantio

O estabelecimento de plantações com *Pinus* em geral é realizado com a utilização de mudas oriundas de recipientes tipo tubete ou de raiz nua, as quais são produzidas em viveiros particulares, prefeituras e empresas florestais. Antes de realizar o plantio, alguns aspectos básicos devem ser observados para o sucesso da implantação do povoamento, descritos na sequência.

5.3.1 Controle de formigas

As formigas são consideradas fatores bióticos limitantes da produção florestal e são responsáveis por mais de 75% dos gastos com controle de pragas. Deve-se ter maior cuidado na fase que antecede a implantação do povoamento, em que o controle de formigas deve ser feito após a limpeza do terreno, quando há maior facilidade de localização de formigueiros e, assim, maior eficiência no seu combate. No controle dessa praga, realizado de forma manual em função das exigências legais, pode-se utilizar iscas granuladas, com princípio ativo sulfluramida, em razão de sua maior facilidade de manuseio, maior rendimento operacional em áreas limpas e baixa toxidade ao ambiente.

5.3.2 Escolha do espaçamento

O espaçamento entre as plantas, ou densidade do plantio, é determinado de acordo com as prospecções de crescimento da espécie, sempre levando em consideração o objetivo da produção, as características do sítio, o tamanho das mudas e as questões econômicas. As empresas florestais que conduzem plantios comerciais de *Pinus* comumente adotam o espaçamento de 2,5 m × 2,5 m entre plantas, no entanto, essa recomendação varia em função do sortimento e demanda do mercado consumidor.

A densidade de plantio influencia diretamente o custo de implantação e colheita de um povoamento florestal. Logo, a definição do espaçamento mais adequado visa proporcionar, além de espaço útil suficiente para que cada planta alcance o máximo de crescimento no menor tempo possível (Hoppe, 2003), um maior retorno financeiro ao produtor florestal.

O espaçamento do plantio deve ser avaliado e considerado para cada situação com base nas seguintes premissas básicas: local, hábito de crescimento da espécie, sobrevivência esperada, finalidade do produto a ser obtido, futuros tratos culturais e tipos de equipamentos a serem empregados na colheita e na remoção da madeira. De modo geral, quanto maior o espaçamento, maior é o crescimento em altura total e diâmetro à altura do peito e menor é o custo de colheita.

5.3.3 Adubação de plantio e calagem

As áreas destinadas ao cultivo do *Pinus*, assim como as destinadas à prática de eucaliptocultura, muitas vezes apresentam solos com baixa fertilidade natural, resultando em produtividade aquém do esperado. No caso do *Pinus*, apesar dos avanços e pesquisas, ainda existe uma carência expressiva de informações sobre as respostas da cultura à adubação e calagem, principalmente sobre as dosagens mais eficientes para cada material genético e tipo de solo.

A utilização de alguma fonte de nutrientes para as plantas é necessidade primordial para o alcance de bons resultados (Bellotte; Ferreira; Silva, 2008). Além da precipitação pluviométrica que incide e escoa pelos troncos das árvores, incorporando muitos elementos essenciais ao solo, os nutrientes podem ser adicionados às plantações via fertilizantes (minerais ou orgânicos). Para viabilizar a recomendação nutricional para a cultura do *Pinus*, o ideal é estabelecer critérios para maximizar o aproveitamento das fontes de minerais disponibilizados, definindo quais destes devem ser adicionados ao solo, a dose, a época, o modo de aplicação e a localização do adubo em relação à planta.

Para definir um programa de adubação para o *Pinus*, deve-se dimensionar as necessidades nutricionais das plantas, constatadas mediante análises químicas de acículas para a verificação dos níveis de minerais. Além disso, é imprescindível avaliar a capacidade do solo em suprir a demanda nutricional, também detectada por análises químicas de fertilidade do solo, considerando as práticas de manejo que possibilitem o uso mais eficiente dos nutrientes disponíveis no solo e adicionados via adubo.

Na silvicultura do *Pinus*, algumas empresas do setor florestal utilizam calcário em dosagens que variam de 2 a 4 mg ha^{-1}, aplicado 30 dias antes do plantio, com o propósito primordial de fornecimento de cálcio para o solo. Nem a adição de fertilizantes nem a fosfatagem são práticas comumente realizadas na silvicultura do *Pinus* no Brasil

5.3.4 A prática de plantio

O plantio do *Pinus* pode ser realizado com mudas produzidas em raiz nua ou em recipientes. A maioria das empresas do setor florestal brasileiro que plantam *Pinus* utiliza material genético de pomar de coleta de sementes (PCS) de segunda geração.

A produção de mudas de *Pinus*, em qualidade e quantidade, é um dos quesitos mais importantes para o sucesso no estabelecimento de povoamentos. Por isso, no momento do plantio, as mudas devem apresentar sanidade, bom equilíbrio nutricional, alto poder de agregação das raízes com o substrato e boa capacidade de retenção de água. De modo geral, espera-se que a espécie se adapte perfeitamente ao local de plantio, propiciando, assim, o máximo rendimento em madeira. Além de assegurar uma maior sobrevivência e desenvolvimento inicial das plantas, o plantio de mudas produzidas em recipientes permite uma seleção inicial no viveiro, descartando os indivíduos considerados de genótipos inferiores.

Quanto ao período de plantio das espécies de *Pinus*, ele é considerado muito variável, sem uma época claramente definida. Sugere-se que, para a definição desse período, o produtor considere alguns aspectos como extremos climáticos, disponibilidade hídrica da região, entre outros.

O plantio pode ser realizado de três formas distintas: manual, semimecanizada e mecanizada. A seguir, são apresentados detalhes de cada uma delas.

Plantio manual

Nessa prática, todas as atividades, desde a abertura da cova até o plantio da muda, são realizadas manualmente. Providencia-se a marcação e, em seguida, abrem-se as covas onde as mudas são plantadas, conforme as Figs. 5.6 e 5.7.

Apesar de apresentar maior nível de matocompetição e alta incidência de plantas infestantes, além de limitações ergonômicas e de baixo rendimento,

Fig. 5.6 Alinhamento e coveamento manual para o plantio de *Pinus* em terreno declivoso

Fig. 5.7 Operação de plantio manual das mudas de *Pinus*

esse método possui a vantagem de ser o mais conservacionista. A prática é exequível em áreas de difícil acesso e onde houve manutenção de resíduo, pois o preparo do solo é localizado e realizado no momento do plantio. A conservação do solo também é promovida quando não há tráfego intenso de máquinas, os custos operacionais são minimizados e há geração de empregos e renda. Nos Estados do sul do Brasil (PR, SC e RS), as empresas florestais realizam o plantio do *Pinus* majoritariamente por esse método.

Plantio semimecanizado

Nesse tipo de plantio, em geral o preparo de solo é realizado mecanicamente (subsolador) e as demais atividades são realizadas de forma manual (Fig. 5.8).

Além do maior rendimento em relação ao sistema totalmente manual, no plantio semimecanizado há maior volume de solo revolvido e, por consequência, maior disponibilização de nutrientes. Como desvantagem principal se destaca o impacto no solo, intensificado quando realizado em condições de relevo inadequadas, causando erosão e empobrecimento do solo.

Fig. 5.8 Plantio semimecanizado

Plantio mecanizado

Todas as atividades de plantio e operações de abertura de sulco são realizadas com transplantadoras acopladas a tratores agrícolas, como mostra a Fig. 5.9.

Diferente do preparo manual, esse método é mais oneroso, não aplicável em todos os tipos de terreno e, assim como no sistema semimecanizado, pode causar maior impacto sobre a estrutura e qualidade do solo, intensificando a erosão. De todos os métodos, é o que apresenta maior rendimento operacional, sendo ergonomicamente mais vantajoso e com controle indireto da matocompetição. No entanto, não é utilizado na silvicultura do Pinus no Brasil.

Fig. 5.9 Plantio totalmente mecanizado na Argentina

5.3.5 Replantio

O replantio do Pinus é realizado de forma manual, decorridos aproximadamente 60 dias do efetivo plantio. Esse período é considerado ideal para que a muda transplantada possa se adaptar ao ambiente, começando, assim, o seu desenvolvimento. O replantio deve ser realizado quando as perdas superarem 2% a 5% do número de mudas originalmente plantadas.

5.3.6 Controle de matocompetição

A matocompetição, induzida pelas plantas daninhas/infestantes, tem interferência direta sobre o crescimento do *Pinus*. Essa interação competitiva reduz a disponibilidade de um ou mais fatores de produção, tais como água, luz e nutrientes. Quando há forte concorrência com plantas daninhas, alguns reflexos podem ser observados em povoamentos florestais (Ribeiro, 1987):

- danos causados por formigas na fase pós-plantio, em função da dificuldade de localizar os formigueiros;
- estiolamento das mudas;
- redução do arranque inicial devido à competição por água, luz e nutrientes;
- alto índice de falhas, pois a operação de replantio é afetada pela dificuldade da localização;
- menor rendimento operacional de capina, pois, devido à maior cobertura vegetal, tem-se que procurar as mudas entre as plantas daninhas;
- desuniformidade no desenvolvimento das plantas;
- menor produtividade por área.

O controle da matocompetição consiste na adoção de certas práticas que resultam em redução da infestação, mas não necessariamente em sua erradicação, a qual dificilmente é obtida na prática (Ribeiro, 1987). Atualmente, as empresas florestais realizam dois tipos de controle da matocompetição em plantios de *Pinus*:

- *Controle manual* (Fig. 5.10): consiste na realização de roçada manual ou capina nas linhas e entrelinhas das árvores.
- *Controle químico* (Fig. 5.11): o uso de herbicidas no controle de plantas daninhas é uma alternativa que as empresas florestais vêm empregando para suprir o déficit de mão de obra, os altos custos e o baixo rendimento, resultantes do uso de capinas manuais (Rodrigues et al., 1988).

O controle de plantas daninhas em áreas onde se pratica a silvicultura é muito importante na fase inicial de estabelecimento, tanto pelo custo quanto pela necessidade de recursos humanos (Cantareli, 2002). Além disso, as plantas daninhas são hospedeiras de pragas e doenças que afetam o desenvolvimento inicial das mudas, prejudicam as operações silviculturais de manejo e também aumentam o risco de incêndios florestais, em virtude do maior acúmulo de matéria seca no solo (material combustível).

5.4 CONSIDERAÇÕES FINAIS

Apesar da evolução da silvicultura nas últimas décadas, com as informações sobre a eucaliptocultura já consolidadas e as práticas muito bem conhecidas, no

Fig. 5.10 Área submetida à roçada manual com motorroçadeira

Fig. 5.11 Plantação de *Pinus taeda*, com aplicação de herbicida em área total

caso específico do *Pinus* a atividade ainda carece de conhecimentos e técnicas, exigindo melhorias e adaptações no setor operacional das empresas florestais. Voltar a atenção à silvicultura do *Pinus* e promover práticas sustentáveis de cultivo e preparo do solo são necessidades iminentes, em um cenário que preza por qualidade ambiental e capacidade produtiva dos diferentes sítios.

Nesse sentido, o desenvolvimento de pesquisas sobre os aspectos ecofisiológicos e silviculturais fornece subsídios práticos e, por meio de informações científicas, respalda a tomada de decisões estratégicas para as espécies de *Pinus*. Esses estudos se justificam porque, em contraste com as espécies exóticas de rápido crescimento, o *Pinus* possui manejo diferenciado. Logo, a dinâmica de crescimento e as interações ecológicas precisam ser melhor compreendidas.

Referências bibliográficas

BELLOTE, A. F. J.; FERREIRA, C. A.; SILVA, H. D. Nutrição, adubação e calagem para *Eucalyptus*. In: FERREIRA, C. A.; SILVA, H. D. *Formação de povoamentos florestais*. Colombo: Embrapa Florestas, 2008. p. 55-65.

CANTARELI, E. B. *Efeito de cobertura e períodos de manejo de plantas daninhas no desenvolvimento inicial de* Pinus elliottii, Pinus taeda *e* Pinus elliottii *var.* elliottii x Pinus caribaea *var.* hondurensis *em várzeas*. 2002. 89 f. Dissertação (Mestrado em Engenharia Florestal) – Universidade Federal de Santa Maria, Santa Maria, 2002.

CARLSON, C. A. et al. Growth and survival of *Pinus taeda* in response to surface and subsurface tillage in the southeastern United States. *Forest Ecology and Management*, v. 234, p. 209-217, 2006.

COSTA, L. M. Manejo de solos em áreas reflorestadas. In: BARROS, N. F. de; NOVAIS, R. F. de. *Relações solo-eucalipto*. Viçosa: Folha de Viçosa, 1990. p. 237-64.

GONÇALVES, J. L. M. Conservação do solo. In: GONÇALVES, J. L. M.; STAPE, J. L. *Conservação e cultivo de solos para plantações florestais*. Piracicaba: IPFE, 2002. p. 49-129.

GONÇALVES, J. L. M; STAPE, J. L. *Conservação e cultivo de solos para plantações florestais*. Piracicaba: IPFE, 2002. 498 p.

HOPPE, J. M. *Biomassa e nutrientes em* Platanus × acerifolia *(Ailton) Willd. Estabelecido no município de Dom Feliciano-RS*. 2003. 143 f. Tese (Doutorado em Engenharia Florestal) – Universidade Federal de Santa Maria, Santa Maria, RS, 2003.

LOWERY, R. F.; GJERSTAD, D. H. Chemical and mechanical site preparation. In: DURYEA, M. L.; DOUGHERTY, P. M. (Org.). *Forest regeneration manual*. [S. l.]: Ed. Kluwer Academic Publisher, 1991. p. 251-261.

RIBEIRO, G. T. *Tratos culturais*. Belo Horizonte: Mannesmann, 1987. 10 p.

RODRIGUES, J. J. V. et al. Efeitos de doses crescentes de Oxyfluorfen no controle de plantas daninhas na cultura de *Eucalyptus*. In: SEMINÁRIO TÉCNICO SOBRE PLANTAS DANINHAS E O USO DE HERBICIDAS EM REFLORESTAMENTOS, Belo Horizonte, Mannesmann, 1988. p. 119-129.

WITSCHORECK, R. *Biomassa e nutrientes no corte raso de um povoamento de* Pinus taeda *L. de 17 anos de idade no município de Cambará do Sul – RS*. 2008. 80 p. Dissertação (Mestrado) – Programa de Pós-Graduação em Engenharia Florestal, Universidade Federal de Santa Maria, UFSM, Santa Maria, 2008.

6

MANEJO DE PRAGAS

Susete do Rocio Chiarello Penteado, Edson Tadeu Iede, Mariane Aparecida Nickele, Wilson Reis Filho

Os prejuízos causados pelo ataque de insetos em plantios de pínus no Brasil são grandes, embora os danos sejam provocados por um número restrito de espécies. Isso se deve ao fato de o pínus ser uma espécie exótica e, com exceção das formigas cortadeiras e algumas espécies de coleópteros e lepidópteros, as demais espécies de insetos associadas também são exóticas, entre elas: *Sirex noctilio* (vespa-da-madeira), *Cinara piniora* e *Cinara atlantica* (pulgões-gigantes-do-pínus) e *Pissodes castaneus* (gorgulho-do-pínus). Em função dos danos provocados aos plantios de pínus, programas de manejo integrado de pragas (MIP) foram desenvolvidos e estão em andamento para a vespa-da-madeira, pulgões-gigantes-do-pínus e formigas cortadeiras.

Neste capítulo são abordados aspectos sobre o histórico das principais pragas de pínus no Brasil, sua bioecologia, sintomas de ataque, danos e métodos de controle.

6.1 Principais pragas em *Pinus* spp.

6.1.1 Vespa-da-madeira – *Sirex noctilio* Fabricius (1793) (Hymenoptera: Siricidae)

É a mais conhecida praga dos plantios de *Pinus*, seu hospedeiro principal. Originou-se na Europa, Ásia e norte da África, tendo sido introduzida na Nova Zelândia em 1900 (Miller; Clark, 1935), Austrália em 1952 (Gilbert; Miller, 1952), Uruguai em 1980 (Rebuffo, 1990), Argentina em 1985 (Espinoza; Lavanderos; Lobos, 1986), África do Sul em 1994 (Tribe, 1995), Chile em 2001 (Cisternas, 2007), e Canadá e Estados Unidos em 2005 (De Groot; Nystrom; Scarr, 2006). No Brasil, o primeiro registro ocorreu em fevereiro de 1988, nos municípios de Gramado, Canela e São Francisco de Paula, no Estado do Rio Grande do Sul (Iede; Penteado; Bisol, 1988). Posteriormente, ela foi registrada em Santa Catarina (1989) e Paraná (1994) (Iede; Penteado; Schaitza, 1998), São Paulo (2004) e Minas Gerais (2005)

(Iede; Zanetti, 2007), estando hoje presente em quase todas as áreas de *Pinus* no Brasil com idade superior a sete anos.

Os machos são de coloração azul-escura metálica, com a fronte, as pernas medianas e os segmentos abdominais (do 3º ao 7º) de cor laranja (Fig. 6.1A). As fêmeas apresentam coloração azul-escura metálica, com as pernas e asas de coloração âmbar, e possuem uma projeção no final do abdômen, o ovipositor, protegido por uma bainha (Fig. 6.1A). Seu tamanho é muito variável, pois depende do alimento disponível. Em geral, árvores com menor diâmetro originam insetos menores.

As larvas da vespa-da-madeira são brancas, com três pares de pernas torácicas vestigiais e um espinho supra-anal, que é uma característica da família Siricidae (Fig. 6.1B). O período larval é composto por seis a sete instares; porém, em árvores de pequeno diâmetro, podem ocorrer apenas três instares e, em locais de clima muito frio, até doze instares. O período de maior ocorrência de larvas é entre os meses de março e agosto, mas a sua presença pode ser observada durante o ano todo.

As pupas são brancas, do tipo exarata, e a duração dessa fase é de 20 dias, em média.

Fig. 6.1 (A) Macho (à direita) e fêmea (à esquerda) da vespa-da-madeira, e (B) galerias e larva da vespa-da-madeira
Fonte: Francisco Santana (2011).

O ciclo de desenvolvimento de ovo a adulto dura um ano, em média, com um período de emergência de adultos entre os meses de outubro e janeiro. Entretanto, uma pequena parte da população apresenta um ciclo de três a quatro meses, normalmente em árvores mais finas, com os adultos emergindo entre março e maio.

A longevidade de machos e fêmeas é, em média, de cinco e quatro dias, respectivamente (Carvalho, 1992). A depender das condições, esses insetos podem apresentar partenogênese arrenótoca (Morgan, 1968; Taylor, 1981).

A espécie *Sirex noctilio* é atraída para árvores que estão em condições de estresse. Assim, plantios com desbastes atrasados, com uma alta concentração de plantas por hectare, são muito atrativos ao inseto.

Os danos são causados pelas fêmeas que, logo após o acasalamento, depositam seus ovos no tronco das árvores, com uma média de 226 ovos por fêmea, com variação de 20 a 430 (Carvalho, 1992). No entanto, além dos ovos, a fêmea introduz na árvore esporos de um fungo simbionte, *Amylostereum areolatum*, e uma mucossecreção, os quais provocam mudanças fisiológicas no *Pinus*, sendo letais para a planta (Coutts, 1969). O fungo é utilizado como alimento pelas larvas, que extraem os nutrientes do micélio dele, regurgitando a serragem, a qual é deslocada para trás do corpo das larvas e obstrui as galerias. O período de incubação pode variar de 14 a 28 dias (Morgan, 1968).

O principal sintoma de ataque é o progressivo amarelecimento das acículas (Fig. 6.2A), que posteriormente passam a apresentar coloração marrom-avermelhada e, em um estágio mais avançado, secam e caem. Geralmente o amarelecimento das acículas é visível a partir do mês de fevereiro, e o progresso desse sintoma irá depender da condição de estresse da árvore. Quanto mais estressada, mais rápida é a evolução do sintoma; a maioria das árvores morre em um prazo de um ano. Nos locais onde as fêmeas inseriram o ovipositor para a postura dos ovos, observam-se respingos (Fig. 6.2B) ou escorrimento de resina. Os insetos adultos, para emergirem, realizam orifícios circulares na casca (Fig. 6.2C).

Internamente, são visíveis as galerias construídas pelas larvas durante a sua alimentação (Fig. 6.1B) e a presença do fungo secundário *Lasiodiplodia*, de coloração azul, que, em um corte transversal, apresenta-se disposto em forma de raios no interior da madeira.

Fig. 6.2 (A) Amarelecimento das acículas devido ao ataque da vespa-da-madeira; (B) respingos de resina no tronco após ataque; e (C) orifícios de emergência dos adultos da vespa-da-madeira
Fonte: Francisco Santana (2011).

Os danos provocados pelo ataque da vespa-da-madeira em plantios de *Pinus* podem atingir altas proporções se as medidas de monitoramento e controle não forem adotadas. Há uma tendência de crescimento de tais danos em progressão geométrica, como ocorreu em áreas nos municípios onde foi realizado o primeiro registro da praga no Brasil: a porcentagem de ataque era de 10% em 1988, e passou para 30% em 1989 e 60% em 1990.

A melhor alternativa para evitar as perdas provocadas pelo ataque dessa praga é a sua prevenção, que pode ser realizada pelo plantio em sítios de boa qualidade e manejo adequado, visando a manutenção do vigor das plantas.

No entanto, também é importante monitorar os povoamentos de pínus para detectar a presença da vespa-da-madeira de forma precoce. Isso pode ser feito a partir da instalação de árvores-armadilha (Penteado et al., 2015). Uma vez constatada sua presença no plantio, o monitoramento deverá ser realizado utilizando as amostragens sequencial ou sistemática (Penteado et al., 2017).

A utilização de árvores-armadilha é indicada principalmente em situações nas quais a porcentagem de ataque é inferior a 0,1%, o que corresponde a uma ou duas árvores atacadas por hectare em um povoamento não desbastado (Haugen et al., 1990). Como a vespa-da-madeira é atraída para árvores estressadas, as quais liberam compostos fenólicos, pode-se usar esse artifício para atraí-la a locais predeterminados. Para isso, grupos de cinco árvores localizados na bordadura do plantio são estressados lentamente, com a aplicação de um herbicida em baixa dosagem. A instalação é realizada dois meses antes do pico populacional de adultos da vespa-da-madeira (agosto e setembro) e, como recomendação geral, de quatro a seis grupos a cada 100 ha, bem distribuídos na área. Os grupos devem ser identificados, e os dados de coordenadas geográficas coletados, para posterior retorno, entre os meses de março e agosto, para verificar a presença ou não do ataque. Por fim, as árvores devem ser derrubadas e examinadas para a verificação dos seguintes sintomas: respingos ou escorrimento de resina no tronco e presença de galerias e de larvas da vespa-da-madeira (Penteado et al., 2015).

Quando o ataque for superior a 0,1%, recomenda-se o emprego das amostragens sequencial ou sistemática. Para a aplicação da amostragem sequencial, é utilizada uma tabela com a indicação do número de árvores a serem amostradas em função da porcentagem de ataque da área que está sendo avaliada. Assim, é recomendado amostrar um mínimo de 68 e um máximo de 272 árvores (Penteado et al., 2017). A amostragem sistemática consiste em avaliar árvores em linhas sequenciais e intercaladas; nesse tipo de amostragem, em quatro anos todo o talhão é amostrado (Penteado et al., 2017).

As áreas prioritárias para a realização das amostragens são aquelas com plantios em idade superior a sete anos, plantios sem desbaste ou com desbastes atrasados, e plantios sem previsão de desbaste ou corte raso no ano corrente.

A época indicada para a sua realização é quando os principais sintomas de ataque (respingos de resina e copa com acículas amareladas) estiverem visíveis, ou seja, a partir do mês de fevereiro, podendo se estender até o mês de agosto (Penteado et al., 2015).

No Brasil, o controle da vespa-da-madeira é realizado pela introdução de inimigos naturais da praga, como o nematoide *Deladenus siricidicola* (Nematoda: Neothylenchidae) e os parasitoides *Ibalia leucospoides* (Hymenoptera: Ibaliidae), *Megarhyssa nortoni* e *Rhyssa persuasoria* (Hymenoptera: Ichneumonidae).

Deladenus siricidicola é o principal agente de controle da vespa-da-madeira. Foi introduzido da Austrália em 1989 (Penteado et al., 2015), e desde então tem sido produzido em massa no Laboratório de Entomologia Florestal da Embrapa Florestas. Ele apresenta dois ciclos de vida, sendo um de vida livre ou micetófago, quando se alimenta do mesmo fungo simbionte da vespa-da-madeira (*A. areolatum*), permitindo a reprodução do nematoide em laboratório, e outro de vida parasitária (Bedding, 1967).

A produção massal é feita em frascos erlenmeyer com trigo em grão como meio de cultura, onde são inoculados o fungo e o nematoide que, após um período de incubação, passam por um processo de lavagem para a obtenção das doses de nematoide. As doses são acondicionadas em embalagem plásticas contendo 20 mL, com aproximadamente um milhão de nematoides, e apresentam uma validade de dez dias, devendo ser mantidas refrigeradas entre 5 °C e 8 °C até a sua utilização. Cada dose é suficiente para o tratamento de aproximadamente dez árvores (Penteado et al., 2015).

Os nematoides devem ser inoculados nas árvores atacadas pela vespa-da-madeira no período de março a agosto, época de maior ocorrência de larvas no interior da madeira, fase preferencial para o parasitismo. Para a inoculação, é necessário que a dose seja misturada a um espessante, responsável por manter a hidratação dos nematoides até que eles penetrem na árvore. Podem ser aplicados dois espessantes: gelatina a 10% ou hidrogel a 1%. A mistura do espessante com a dose é denominada inóculo (Penteado et al., 2015).

Para a seleção das árvores a serem inoculadas, devem ser observados os dois sintomas principais (respingos de resina no tronco e copa com as acículas amareladas); é importante que a árvore não contenha orifícios de emergência de adultos. As árvores devem ser derrubadas e desgalhadas e, com um martelo especial (Fig. 6.3A), devem ser realizadas perfurações a cada 30 cm do tronco. O inóculo é transferido para um frasco aplicador e introduzido nos orifícios (Fig. 6.3B). Recomenda-se inocular pelo menos 20% das árvores atacadas (Penteado et al., 2015).

Algumas horas após a inoculação, os nematoides penetram na madeira e passam a se alimentar do fungo *A. areolatum*, onde se reproduzem e se multiplicam no ciclo micetófago. No entanto, nos arredores das larvas da vespa-da-madeira,

Fig. 6.3 (A) Martelo utilizado para a inoculação de nematoides, e (B) inoculação do nematoide na árvore atacada
Fonte: Francisco Santana (2011).

a alta concentração de CO_2 e o baixo pH induzem a formação de adultos de vida parasitária. Machos e fêmeas acasalam, e as fêmeas fertilizadas penetram na larva hospedeira, perfurando a cutícula com o auxílio de seu estilete, deixando uma cicatriz circular visível. Na fase de pupa do hospedeiro, milhares de juvenis do nematoide são liberados para o corpo do hospedeiro, migram para os órgãos reprodutores e, no caso das fêmeas, penetram nos ovos delas, tornando-as estéreis. Nos hospedeiros machos, os testículos tornam-se uma sólida massa de milhares de nematoides juvenis, porém eles permanecem férteis, pois, no início da fase de pupa, a maioria dos espermatozoides passa para as vesículas seminais, onde os nematoides não conseguem penetrar (Bedding, 1967).

Quando a fêmea parasitada emerge da árvore, ela acasala e realiza posturas normalmente, porém seus ovos não são férteis, e cada um deles pode conter até 200 nematoides (Bedding, 1967). Assim, além de a fêmea não mais se reproduzir, ela dissemina o nematoide para outras árvores e até para outros locais, auxiliando na efetividade do controle, que tem média de 70%, mas pode atingir níveis próximos a 100%.

Já o complexo de parasitoides associados à vespa-da-madeira (*Ibalia leucospoides*, *Megarhyssa nortoni* e *Rhyssa ersuasória*) pode controlar cerca de 40% da população da praga que não foi parasitada pelo nematoide (Taylor, 1981). O parasitoides *I. leucospoides* foi registrado no Brasil em dezembro de 1990, em povoamentos de Pinus atacados pela vespa-da-madeira no município de São Francisco de Paula (RS), com introdução de forma natural (Carvalho, 1993).

Os adultos são pequenos: os machos apresentam comprimento médio do corpo de 10,4 mm, e as fêmeas de 13,7 mm. Eles depositam seus ovos nas larvas e ovos em instares iniciais da vespa-da-madeira, as quais se encontram ainda próximas da casca da árvore. Apresentam quatro instares larvais; os três primeiros ocorrem dentro da larva hospedeira, e o último nas galerias construídas pela vespa-da-madeira, onde também irão empupar. A eficiência média desse parasitoide é de 25%, e ele se encontra distribuído em todas as áreas onde há a presença de seu hospedeiro.

Os parasitoides R. *persuasoria* e M. *nortoni*, originários da Tasmânia, foram introduzidos no Brasil entre 1996 e 2003. Por apresentarem um longo ovipositor, parasitam larvas em estágios avançados de desenvolvimento, que se localizam mais internamente na árvore (Carvalho, 1993).

Rhyssa persuasoria possui o corpo preto, com manchas brancas localizadas na cabeça, tórax e abdômen. As pernas são de cor marrom-avermelhada, e as antenas totalmente pretas. O comprimento do corpo varia de 9 mm a 35 mm. O ovipositor é um pouco mais longo que o corpo, e o macho apresenta o abdômen alongado e levemente alargado na região posterior.

Megarhyssa nortoni tem coloração marrom, preta e amarela, com uma fileira de manchas ovais ao longo de cada lado do abdômen. O comprimento do corpo varia de 15 mm a 45 mm, as pernas são de cor amarela ou levemente marrom, e as antenas totalmente pretas. O ovipositor é semelhante ao de R. *persuasoria*, no entanto, mede duas vezes o comprimento do corpo. O abdômen do macho geralmente é longo e estreito, mas, nos espécimes muito pequenos, é levemente alargado.

A introdução desses insetos foi possível devido à execução de um projeto cooperativo entre a Embrapa Florestas, o Serviço Florestal do Departamento de Agricultura dos Estados Unidos e o Instituto Internacional de Controle Biológico da Inglaterra (Iede; Penteado; Reis Filho, 2012). Entretanto, houve problemas tanto no envio dos insetos ao Brasil como na manutenção da sua criação em laboratório e na manutenção das áreas de liberação dos insetos. Assim, por muitos anos, o estabelecimento em campo desses parasitoides não havia sido confirmado. Só em outubro de 2015 foi registrada a ocorrência de adultos de M. *nortoni* em plantios de *Pinus* no Estado de Santa Catarina e, em 2022, no Rio Grande do Sul, no município de Cambará do Sul. Já o estabelecimento da espécie R. *persuasoria* ainda não foi confirmado em campo.

A implantação do Programa Nacional de Controle à Vespa-da-Madeira (PNCVM), criado pelo Ministério da Agricultura e Abastecimento (Mapa) com a Portaria nº 031/89, de 22 de fevereiro de 1989, e a criação do Fundo Nacional de Controle de Pragas Florestais (Funcema) marcaram o início dos trabalhos de contenção dessa praga no Brasil e de minimização dos prejuízos provocados pelo seu ataque em plantios de *Pinus*. Dessa forma, foi possível reduzir a população da vespa-da-madeira e seus danos no País e proteger o importante patrimônio florestal do *Pinus*.

6.1.2 Pulgões-gigantes-do-pínus – *Cinara pinivora* Wilson (1919) e *Cinara atlantica* Wilson (1919) (Hemiptera: Aphididae)

Os pulgões-gigantes-do-pínus, *Cinara pinivora* e *Cinara atlantica* (Fig. 6.4), originários da América do Norte, foram introduzidos no Brasil na década de 1990, e se encontram amplamente distribuídos nos plantios brasileiros de *Pinus*.

Cinara pinivora foi a primeira espécie registrada, em 1996 (Iede *et al.*, 1998). Posteriormente, em 1998, foi registrada a *C. atlantica* (Lazzari; Zonta-de-Carvalho, 2000), a qual predominou, sendo encontrada no campo não apenas durante o outono e inverno, quando ocorre *C. pinivora*, mas também na primavera e verão, tolerando temperaturas mais altas.

A diferenciação dessas espécies se dá principalmente pelo formato do sifúnculo, estrutura de coloração escura localizada na região posterossuperior do abdômen, uma em cada lado do corpo. Em *C. pinivora*, os sifúnculos apresentam uma base menor, cujo formato se assemelha a um cone. Em *C. atlantica*, os sifúnculos possuem a base mais larga e são mais achatados (Penteado *et al.*, 2004).

Esses afídeos se alimentam da seiva do floema, que é rica em açúcares e pobre em aminoácidos; por isso, precisam ingerir uma grande quantidade de seiva para obter a quantidade de aminoácidos necessária à sua sobrevivência. Dessa forma, eliminam o excesso de açúcar na forma de *honeydew* (Fig. 6.4), o qual é um meio de cultura para o fungo *Capnodium* spp., causador da fumagina. O *honeydew* também atrai as formigas, tendo sido observados os seguintes gêneros associados às colônias de *Cinara* no Brasil: *Camponotus* spp., *Solenopsis* spp., *Dorymyrmex* spp., *Brachymyrmex* spp. e *Pseudomyrmex* spp. (Iede, 2003).

Fig. 6.4 Cinara atlantica e presença de *honeydew*
Fonte: Francisco Santana (2011).

Os danos provocados por *Cinara* no Brasil geralmente ocorrem no primeiro ano de plantio. Nos anos subsequentes, observa-se que a população da praga vai diminuindo, localizando-se preferencialmente nas brotações, e que a população de inimigos naturais (parasitoide, predadores e fungo) tem um incremento significativo. As plantas atacadas por *Cinara* podem apresentar os seguintes sintomas e danos: clorose das acículas; redução do crescimento em diâmetro e altura; entortamento do fuste; seca das brotações; bifurcação e presença de fumagina. A mortalidade de plantas, quando ocorre, no geral está associada a outros fatores de estresse que debilitam a planta; porém, sem tais fatores, na maioria das vezes, a planta consegue se recuperar após o ataque (Penteado et al., 2004).

Logo após a introdução desses afídeos no Brasil, foi elaborado um programa de manejo integrado de pragas baseado sobretudo no controle biológico, combinado com métodos silviculturais. As ações desenvolvidas para implantar o controle biológico foram uma parceria entre a Embrapa Florestas, a Universidade de Illinois (EUA), a Universidade Federal do Paraná (Departamento de Zoologia) e o Funcema, com início em 2001, e se estendeu até 2004, visando a seleção, coleta, introdução, quarentena, criação, liberação e avaliação do estabelecimento dos inimigos naturais em plantios de Pinus atacados pela praga (Penteado et al., 2004).

Parasitoides da família Braconidae, principalmente dos gêneros Pauesia e Xenostigmus, estão entre os inimigos naturais específicos de Cinara, parasitando tanto as ninfas como os adultos dos pulgões. Coletas conduzidas entre 2001 e 2002 em áreas de Pinus nos Estados Unidos resultaram no envio ao Brasil da espécie Xenostigmus bifasciatus (Fig. 6.5), coletado em C. atlantica. O material foi inicialmente enviado ao quarentenário Costa Lima, da Embrapa Meio Ambiente em Jaguariúna (SP), e posteriormente à Embrapa Florestas para a realização da criação massal, que ocorreu entre os anos de 2002 e 2004.

As liberações em campo foram realizadas em diferentes municípios do Paraná, Santa Catarina e São Paulo (Reis Filho; Penteado; Iede, 2004). O estabelecimento de X. bifasciatus foi constatado em todas as áreas com plantios de Pinus atacados pelos pulgões-gigantes-do-pínus, inclusive no Estado do Rio Grande do Sul e no Uruguai. Em algumas colônias de pulgões, a porcentagem de parasitismo foi próxima a 100%, mesmo durante o inverno, e X. bifasciatus foi capaz de alcançar uma distância de até 80 km do local de liberação (Reis Filho; Penteado; Iede, 2004).

Fig. 6.5 Adulto de *Xenostigmus bifasciatus*, parasitoide de *Cinara atlantica*
Fonte: Francisco Santana (2012).

Os predadores também têm um papel muito importante no controle da população desses afídeos. Podemos citar como grupos mais importantes os Coccinellidae (joaninhas), Syrphidae (moscas), Chrysopidae (bicho-lixeiro) e também o fungo entomopatogênico *Lecanicillium lecanii*. Os Coccinellidae são os mais comuns, representados pelas espécies *Cycloneda sanguinea* Linnaeus,

1763; *Hippodamia convergens* Guérin-Meneville, 1842; *Scymnus* (*Pullus*) spp.; *Olla v-nigrun* Mulsant, 1866; *Eriopis connexa* Germar, 1824; *Harmonia axyridis* Pallas, 1773 (Penteado, 2007); e *Coleomegilla quadrifasciata* Schoenherr, 1808 (Iede, 2003).

Dessa forma, o sucesso no controle dos pulgões-gigantes-do-pínus deu-se pela aplicação de várias medidas de controle dentro de um programa de manejo integrado de pragas. Foi o controle biológico (parasitoide e predadores) associado a medidas silviculturais, como qualidade, sanidade e nutrição das mudas, época e sistema de plantio, manutenção de sub-bosque, entre outras, que permitiu dar maior resistência às plantas e também criar um ambiente propício ao estabelecimento dos inimigos naturais.

6.1.3 Gorgulho-do-pínus – *Pissodes castaneus* (De Geer, 1775) (Coleoptera: Curculionidae)

O gorgulho-do-pínus (*Pissodes castaneus*) foi registrado no Brasil pela primeira vez em 2001, no município de São José dos Ausentes (RS), em um plantio de *Pinus taeda* (Iede; Reis Filho; Penteado, 2004). Posteriormente, foi detectado em outros locais, estando presente nos três Estados da Região Sul, em plantios com idades variando entre dois e seis anos. Espécie originária do Norte da África e da Europa, na América do Sul está presente também na Argentina, Uruguai e Chile, além do Brasil.

Os adultos são besouros com uma longa tromba curvada (característica da família) e antenas geniculadas (Fig. 6.6). Medem de 6 mm a 9 mm de comprimento, com coloração parda e quatro manchas transversais localizadas nos élitros.

A postura de ovos é realizada em cavidades no tronco e nos ramos do *Pinus*, e cada fêmea pode depositar de 250 a 800 ovos. Os adultos vivem cerca de 20 meses (Beeche Cisternas *et al.*, 1993).

As larvas medem cerca de 10 mm quando completamente desenvolvidas, apresentam coloração branco-amarelada e são cilíndricas e ligeiramente curvadas (em forma de C). Em seu processo de alimentação, elas constroem galerias

Fig. 6.6 Adulto de *Pissodes castaneus*
Fonte: Francisco Santana (2012).

e anelam os ramos e troncos de árvores jovens e adultas de *Pinus*, construindo uma câmara pupal oval na parte final da galeria, logo abaixo da casca. O período larval dura cerca de dois meses.

Podem ocorrer até três gerações anuais de gorgulho-do-pínus. Durante o inverno, quando as temperaturas médias são inferiores a 10 °C, parte da população cessa a sua atividade.

Os sintomas de ataque aparecem geralmente na primavera/verão em plantas jovens de *Pinus* e caracterizam-se por clorose das acículas (Fig. 6.7A); sinais de perfuração, realizados pelos adultos durante a sua alimentação, e também pelas fêmeas para a postura, em que ocorre a exudação de resina (Fig. 6.7B); e galerias com serragem localizadas abaixo da casca.

Toretes-armadilha podem ser empregados para o monitoramento e também controle dessa praga. É recomendado utilizar toretes recém-cortados e desramados, com um grupo de 16 toretes a cada 15 ha a 20 ha de plantio. Os toretes devem ter 2 m de comprimento, entre 5 cm e 10 cm de diâmetro, e devem ser colocados em pilhas na bordadura dos povoamentos com suspeita de ataque ou já atacados. Esses toretes irão atrair os adultos do inseto para o acasalamento e postura. Posteriormente, os toretes devem ser retirados do talhão antes da emergência de uma nova geração de adultos. A melhor época para a sua aplicação é entre a primavera e o verão, e eles não devem permanecer por um período superior a 60 dias, para evitar a reinfestação (Zaleski, 2009).

Fig. 6.7 (A) Clorose das acículas e (B) exsudação de resina devido ao ataque de *Pissodes castaneus*

Com relação ao controle biológico, na França ocorrem várias espécies de himenópteros parasitoides, como *Eubazus semirugosos* (Nees) Haeselbarth, 1962 (Braconidae), parasitoide de ovos e larvas; *Coeloides abdominalis* Zetterstedt, 1838, e *C. sordidator* Ratzeburg, 1844 (Braconidae), parasitoides de larvas de 2º e 3º estágio; *Rhopalicus tutela* (Walker), 1836 (Chalcididae), e *Dolichomitus terebrans* (Ratzeburg), 1844 (Ichneumonidae). As porcentagens de parasitismo variam de 20% a 30%, e *E. semirugosos* e *Coeloides* spp. são as espécies mais frequentes

(Alauzet, 1990). No Brasil, também foram observadas epizootias naturais do fungo *Beauveria bassiana* em adultos do inseto (Zaleski, 2009).

Estudos desenvolvidos com semioquímicos de *P. castaneus* permitiram identificar um feromônio sexual produzido pelos machos, composto pelos elementos grandisal e grandisol (Zaleski, 2009). Esses resultados são importantes, já que podem ser utilizados em armadilhas que visem tanto o monitoramento quanto o controle da praga.

Pissodes castaneus pode ser considerado um indicador biológico, pois a sua presença em um plantio geralmente revela que há algum problema silvicultural. Foi observado em plantios atacados pelo gorgulho-do-pínus que, em pelo menos 90% dos casos, as plantas apresentam sérios problemas nas raízes, como o enovelamento ou cachimbamento, decorrentes de falhas na produção das mudas ou no plantio. Plantas danificadas por granizo tornam-se predispostas ao ataque de *P. castaneus*, devido à emissão de aleloquímicos que atraem o inseto. Da mesma forma, o estresse hídrico provocado por secas prolongadas e os danos causados por geadas fortes podem tornar as plantas suscetíveis ao ataque da praga. A aplicação de herbicidas para o controle de ervas daninhas, em plantios jovens, também pode predispor as plantas ao ataque, por causa das possíveis derivas (Iede et al., 2007).

Assim, a melhor forma de evitar os danos ocasionados por essa praga é a prevenção, que pode ser obtida pela utilização de mudas de boa qualidade, escolha de sítios com boas condições, observação das técnicas de plantio, entre outros, evitando o estresse das plantas.

6.1.4 Formigas cortadeiras - *Acromyrmex* (Mayr, 1865) e *Atta* (Fabricius, 1804) (Hymenoptera: Formicidae)

As formigas cortadeiras, pertencentes aos gêneros *Atta* (saúvas) e *Acromyrmex* (quenquéns), são reconhecidas por seu elevado poder destrutivo em áreas agrícolas e florestais. Essas formigas cortam e transportam material vegetal fresco para seus ninhos, que servem de substrato para o cultivo de um fungo simbionte, o qual é utilizado na sua alimentação. Assim, as formigas cortadeiras podem causar perdas econômicas consideráveis por seu hábito desfolhador.

As formigas do gênero *Acromyrmex* são reconhecidas por apresentar de quatro a cinco pares de espinhos no tórax (Fig. 6.8A), enquanto as saúvas possuem somente três pares (Fig. 6.8B). Além disso, as espécies de *Acromyrmex* apresentam no tergo I do gáster vários tubérculos, os quais não são encontrados em nenhuma das espécies de *Atta*.

O exterior dos ninhos de saúvas é constituído por um monte de terra solta, enquanto o seu interior é composto por várias câmaras resultantes da escavação do solo (Fig. 6.9A). No caso das quenquéns, os ninhos são mais difíceis de serem encontrados, porque são pequenos, em geral formados por uma só câmara, e a terra solta pode aparecer ou não na superfície do solo. Em algumas espécies, os ninhos são superficialmente cobertos de ciscos (Fig. 6.9B), enquanto em outras os ninhos são subterrâneos, sem que se perceba a terra escavada.

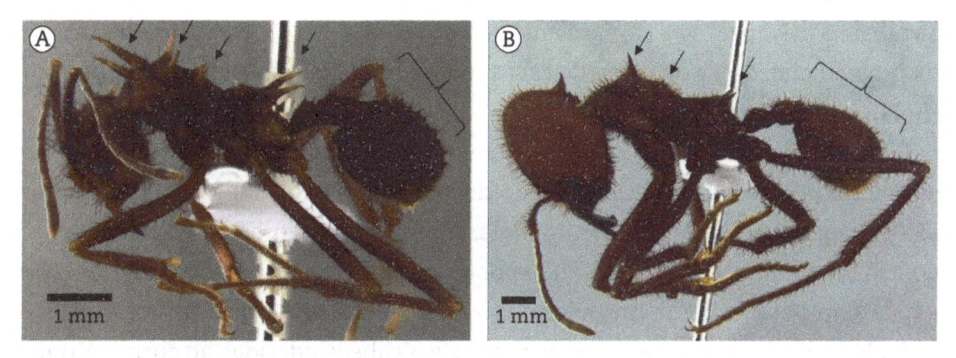

Fig. 6.8 Diferenças entre os gêneros (A) *Acromyrmex* e (B) *Atta*
Fonte: Mariane A. Nickele (2008).

Fig. 6.9 (A) Ninho da saúva-limão *Atta sexdens* e (B) ninho da quenquém-de-ciscos *Acromyrmex crassispinus*
Fonte: Mariane A. Nickele (2013).

Nas colônias de *Atta* e *Acromyrmex*, há castas permanentes e temporárias. Estas últimas constituem as centenas ou milhares de fêmeas aladas e milhares de machos alados que somente aparecem nas colônias em determinadas épocas do ano, vindo à superfície dos ninhos durante a revoada ou voo nupcial. Os machos não desempenham função na colônia que os gerou e apenas recebem alimento de suas irmãs, enquanto aguardam a revoada. A longevidade deles é curta, morrendo logo após o voo nupcial. As fêmeas aladas apresentam a cabeça, as mandíbulas e o gáster bem desenvolvidos.

O fenômeno da revoada ou voo nupcial caracteriza-se pela liberação de grande número de formas aladas de machos e fêmeas, que voarão e acasalarão no ar. Imediatamente após a fecundação, as fêmeas, agora denominadas rainhas, descem ao solo e se livram de suas asas, com o auxílio da musculatura do tórax e das pernas medianas, e procuram locais mais destituídos de vegetação para iniciar a construção de seu ninho. Após a escavação do ninho, a rainha regurgita o fungo, que mede um pouco mais de 1 mm, levado com ela em sua cavidade infrabucal ao deixar a colônia de origem. Além dos ovos reprodutivos, as rainhas colocam ovos tróficos, que servem para a sua própria alimentação e a da prole inicial. Esses ovos são de casca mole e bem maiores que os reprodutivos (Hölldobler; Wilson, 2011).

Em *Atta sexdens* Linnaeus, os ovos reprodutivos são elípticos e brancos, com aproximadamente 0,5 mm. A duração do estágio de ovo é de 25 dias. As larvas são brancas, ápodas, de tegumento mole, alongado e curvo, e não possuem olhos. O ciclo larval dura 22 dias, passando por quatro estágios, quando se inicia o estágio de semipupa. A semipupa assemelha-se à larva, exceto pelo corpo contraído e rígido. Sob a cutícula, veem-se as pernas e a cabeça aderidas ao corpo. A pupa é nua e fortemente esculturada na cabeça, sendo branca no início e tornando-se escura, primeiro nos olhos e mandíbulas e depois no resto do corpo, transformando-se em adulto dez dias após a sua formação. O jovem adulto apresenta coloração marrom mais clara e se alimenta sozinho (Hölldobler; Wilson, 2011).

As castas permanentes de uma colônia de formigas cortadeiras abrangem a rainha e também as inúmeras operárias ápteras que se encarregam das diversas tarefas. As formigas operárias, todas elas fêmeas estéreis, apresentam tamanhos variados e desempenham diferentes funções (Hölldobler; Wilson, 2011).

Os gêneros *Atta* e *Acromyrmex* ocorrem apenas no continente americano, com distribuição desde o sul dos Estados Unidos até o centro da Argentina. No Brasil, ocorrem oito espécies de saúvas e 28 espécies de quenquéns (Brazil, 2018), distribuídas por todo o território brasileiro. No entanto, apenas algumas espécies estão associadas a plantios de *Pinus*: *Atta laevigata* (F. Smith); *A. sexdens*; *Acromyrmex aspersus* (F. Smith); *Acromyrmex balzani* Emery; *Acromyrmex coronatus* (Fabricius); *Acromyrmex crassispinus* (Forel); *Acromyrmex disciger* Mayr; *Acromyrmex heyeri* Forel; *Acromyrmex lundii* (Guérin-Méneville); *Acromyrmex niger* (F. Smith); *Acromyrmex rugosus rugosus* (F. Smith); e *Acromyrmex subterraneus subterraneus* (Forel).

Atta e *Acromyrmex* são consideradas pragas-chaves de plantios florestais, já que podem atacar uma ampla diversidade de espécies vegetais cultivadas pelo homem. Os ataques de saúvas podem ser intensos e constantes em todas as fases do ciclo florestal. Densidades maiores que 30 ninhos por hectare da saúva *A. laevigata* em plantios de *Pinus caribaea* com dez anos de idade, na Venezuela, podem reduzir mais de 50% da produção de madeira por hectare, segundo Hernández e Jaffé (1995).

No Brasil, a maioria dos plantios de *Pinus* está concentrada na Região Sul (IBÁ, 2017). Nessa área, a ocorrência de espécies de formigas cortadeiras de importância econômica é mais restrita do que nas demais regiões do País. Na Região Sul, há o predomínio de espécies de *Acromyrmex*, e *A. crassispinus* é altamente relevante, chegando, em alguns municípios, a alcançar 95% de prevalência em relação às outras espécies (Nickele *et al.*, 2009). O ataque dessa quenquém pode ocasionar diferentes níveis de desfolha em mudas de *Pinus taeda* L. recém-plantadas, com a maior porcentagem de ataque ocorrendo no primeiro mês após o plantio (Fig. 6.10A). A porcentagem de plantas atacadas diminui significativamente nos meses subsequentes e, um ano após o plantio (Fig. 6.10B), o ataque nas plantas é praticamente insignificante em locais em que o manejo de plantas daninhas é realizado por roçadas (Nickele *et al.*, 2012). A eliminação total da vegetação nativa entre as linhas de plantio de *Pinus* pelo uso de herbicidas, mesmo quando o plantio já está com três anos de idade (Fig. 6.10C), pode favorecer o ataque de *Acromyrmex* às plantas de *Pinus* (Reis Filho; Nickele, 2014); no entanto, nos plantios com mais de 24 meses esses ataques não são significativamente prejudiciais ao desenvolvimento das plantas (Cantarelli *et al.*, 2008).

Fig. 6.10 Ataque de *Acromyrmex* em plantas de *Pinus taeda* (A) recém-plantadas; (B) com um ano de idade; e (C) com três anos de idade

As formigas cortadeiras apresentam alta capacidade de reconhecimento de substâncias que podem prejudicar o desenvolvimento do seu fungo simbionte ou contaminar as operárias durante o forrageamento, o que dificulta o seu manejo. Essas formigas são capazes de detectar a substância ou o microrganismo tóxico e desenvolver estratégias como a eliminação do produto forrageado ou o isolamento de câmaras contaminadas (Marinho; Della Lucia; Picanço, 2006). Assim, até o momento, o controle químico é o método mais eficiente e mais utilizado para reduzir os danos dessas formigas em plantios florestais. Métodos alternativos ao controle químico, tais como o controle biológico com predadores, parasitoides ou microrganismos, o uso de extratos inseticidas ou fungicidas de origem botânica, o cultivo de espécies não preferenciais, o controle cultural etc., ainda estão sendo pesquisados, mas nenhum deles está atualmente disponível no mercado e nem é eficiente para uso em grande escala (Britto et al., 2016).

O controle químico de formigas cortadeiras é realizado principalmente pelo uso de iscas formicidas granuladas. Essas iscas compreendem um substrato atrativo em mistura com um princípio ativo sintético, em *pellets*. Os princípios ativos mais utilizados são o fipronil e a sulfluramida. As iscas formicidas são distribuídas de forma sistemática ou localizada, antes e depois do plantio. O controle sistemático consiste na distribuição de iscas formicidas em locais equidistantes entre si, de maneira a cobrir toda a área a ser tratada. Já no controle localizado, há a distribuição de iscas somente nos locais onde forem encontrados ninhos ou plantas atacadas (Reis Filho et al., 2015).

O controle pré-corte raso em plantios de *Pinus* só se justifica em locais onde houver a ocorrência de saúvas. Se predominarem formigas do gênero *Acromyrmex*, não é necessário realizar o controle pré-corte raso, uma vez que, em plantios onde não se realizou poda e nem desbaste, é rara a presença de ninhos de quenquéns; além disso, é muito difícil localizar os ninhos em plantios com sub-bosque denso (Reis Filho et al., 2015; Nickele et al., 2009).

O controle pré-plantio, feito de maneira sistemática, é recomendado em áreas de implantação de *Pinus*; em áreas em que o intervalo entre o corte raso e o novo plantio for superior a seis meses (área exposta durante a primavera, período de revoada das formigas cortadeiras); em áreas de reforma cujo plantio anterior de *Pinus* era com poda e desbaste; e em áreas de reforma cujo plantio anterior de *Pinus* era sem poda e desbaste, mas com corte raso e com novo plantio ocorrendo durante a primavera/verão (Reis Filho et al., 2015).

O manejo florestal em plantios de Pinus pode influenciar a ocorrência de formigas cortadeiras do gênero *Acromyrmex*. A presença de A. *crassispinus* é rara em plantios que não sofrem poda e nem desbastes com mais de seis anos de idade (Nickele et al., 2009). Se a colheita for realizada após o período de revoada dessas formigas, não é necessário realizar nenhum controle no momento da implantação do novo ciclo florestal, restando apenas o cuidado com as faixas fronteiriças com áreas de preservação permanente. Mesmo assim, o primeiro combate após o plantio deve ser realizado o mais breve possível, pois pode ocorrer migração de ninhos de quenquéns no novo plantio, que causam danos às mudas recém-plantadas (Reis Filho et al., 2015).

Logo após o plantio, o combate às formigas deve ser localizado, ou seja, realizado somente nos locais em que houver ninhos ou plantas atacadas (Reis

Filho et al., 2015). Durante a manutenção do plantio, o combate às quenquéns também deve ser feito de maneira localizada, considerando as seguintes situações: em plantios mantidos totalmente limpos pela aplicação de herbicidas, as manutenções de combate às formigas devem ser efetuadas em até 15 dias após cada aplicação de herbicida, até que o plantio complete três anos de idade; e nos plantios limpos somente com roçadas, tal manutenção deve ser realizada apenas até o plantio completar um ano de idade (Reis Filho et al., 2015).

Até pouco tempo atrás, o controle de formigas cortadeiras era feito de maneira padronizada. O avanço dos estudos sobre o comportamento dessas formigas em plantios de Pinus na Região Sul do Brasil tem auxiliado muito na otimização do controle químico desses insetos. Hoje, o controle está sendo realizado de maneira mais racional, somente nos locais em que realmente é necessário, o que representa uma grande economia de insumos e mão de obra e a redução do impacto ambiental desses produtos.

Referências bibliográficas

ALAUZET, C. Population Dynamics of the pine pest *Pissodes notatus* (Col.: Curculionidae). *Entomophaga*, v. 35, p. 36-42, 1990.

BEDDING, R. A. Parasitic and free-living cycles in entomogenous nematodes of the genus *Deladenus*. *Nature*, London, v. 214, p. 174-175, 1967.

BEECHE CISTERNAS, M. et al. *Manual de Reconocimiento de Plagas Forestales Cuarentenárias*. Santiago, Chile: Servicio Agrícola y Ganadero, Ministério de Agricultura, 1993. 169 p.

BRAZIL. In: ANTWIKI, 2018. Disponível em: http://www.antwiki.org/wiki/Brazil. Acesso em: 8 maio 2018.

BRITTO, J. S. et al. Use of alternatives to PFOS, its salts and PFOSF for the control of leaf-cutting ants *Atta* and *Acromyrmex*. *International Journal of Research in Environmental Studies*, v. 3, p. 11-92, 2016.

CANTARELLI, E. B. et al. Quantificação das perdas no desenvolvimento de *Pinus taeda* após o ataque de formigas cortadeiras. *Ciência Florestal*, v. 18, p. 39-45, 2008.

CARVALHO, A. G. Bioecologia de *Sirex noctilio* Fabricius, 1793 (Hymenoptera: Siricidae) em povoamentos de *Pinus taeda* L. 1992. 127 p. Tese (Doutorado em Ciências Florestais) – Setor de Ciências Agrárias, Universidade Federal do Paraná, Curitiba, 1992.

CARVALHO, A. G. Parasitismo de *Ibalia* sp. (Hymenoptera: Ibaliidae) em *Sirex noctilio* Fabricius, (Hymenoptera: Siricidae) em São Francisco de Paula, RS. *Boletim de Pesquisa Florestal*, n. 26/27, p. 61-62, 1993.

CISTERNAS, M. B. Official program for detection and control of *Sirex noctilio* (Hymenoptera: Siricidae) in Chile. In: INTERNATIONAL SIREX SYMPOSIUM AND WORKSHOP, 9-16 May 2007, Pretoria & Pietermaritzburg, South Africa. Anais... Pretoria, South Africa, 2007. 64 p.

COUTTS, M. P. The mechanism of pathogenicity of *Sirex noctilio* on *Pinus radiata*. I. Effects of symbiotic fungus *Amylostereum* sp (Thelophoraceae). *Australian Journal of Biological Science*, Melbourne, v. 22, p. 915-924, 1969.

DE GROOT, P.; NYSTROM, K.; SCARR, T. Discovery of *Sirex noctilio* (Hymenoptera: Siricidae) in Ontario, Canada. *Great Lakes Entomologist*, v. 39, p. 49-53, 2006.

ESPINOZA, H.; LAVANDEROS, A.; LOBOS, C. *Reconocimiento de la plaga* Sirex noctilio *en plantaciones de pinos de Uruguay y Argentina*. Santiago: S.A.G., 1986. p. 20.

GILBERT, J. M.; MILLER, L. W. An outbreak of *Sirex noctilio* (F.) in Tasmania. *Australian Forestry*, v. 16, p. 63-69, 1952.

HAUGEN, D. A. et al. National strategy for control of *Sirex noctilio* in Australia. *Australian Forest Grower*, v. 13, n. 2, 1990. 8 p.

HERNÁNDEZ, J. V.; JAFFÉ, K. Dano econômico causado por populações de formigas *Atta laevigata* (F. Smith) em plantações de *Pinus caribaea* Mor. e elementos para o manejo da praga. *Anais da Sociedade Entomológica do Brasil*, v. 24, p. 287-298, 1995.

HÖLLDOBLER, B.; WILSON, E. O. *The leafcutter ants*: civilization by instinct. New York: W. W. Norton & Co., 2011. 160 p.

IBÁ – INSTITUTO BRASILEIRO DE ÁRVORES. *Relatório Anual 2017*. Brasília: IBÁ, 2017. Disponível em: https://iba.org/images/shared/Biblioteca/IBA_RelatorioAnual2017.pdf. Acesso em: 8 maio 2018.

IEDE, E. T. et al. *Monitoramento e controle de Pissodes castaneus em Pinus spp.* Curitiba: Embrapa Florestas, 2007. 8 p. (Circular Técnica, 130.)

IEDE, E. T. et al. Ocorrência de *Cinara pinivora* (Homoptera: Aphididae, Lachninae) em reflorestamentos de *Pinus* spp. no sul do Brasil. In: CONGRESSO BRASILEIRO DE ZOOLOGIA, Recife, PE, 1998. *Anais...* 1998. p. 141.

IEDE, E. T. *Monitoramento das populações de Cinara spp. (Hemiptera, Aphididae, Lachninae), avaliação de danos e proposta para o seu manejo integrado em plantios de Pinus spp. (Pinaceae), no Sul do Brasil*. 2003. 171 p. Tese (Doutorado) – Universidade Federal do Paraná, Curitiba, 2003.

IEDE, E. T.; PENTEADO, S. R. C.; BISOL, J. C. *Primeiro registro de ataque de Sirex noctilio em Pinus taeda no Brasil*. Colombo: Embrapa-CNPF, 1988. (Circular Técnica, 20.)

IEDE, E. T.; PENTEADO, S. R. C.; REIS FILHO, W. The woodwasp *Sirex noctilio* in Brazil: monitoring and control. In: SLIPPERS, B.; GROOT, P.; WINGFIELD, M. J. (ed.). *The Sirex Woodwasp and Its Fungal Symbiont: Research and Management of a Worldwide Invasive Pest*. New York: Springer, 2012. p. 217-228.

IEDE, E. T.; PENTEADO, S. R. C.; SCHAITZA, E. G. *Sirex noctilio* problem in Brazil – detection, evaluation and control. In: IEDE, E. T.; SCHAITZA, E. G.; PENTEADO, S. R. C.; REARDON, R.; MURPHY, T. (ed.). *Training in the Control of Sirex noctilio by Use of Natural Enemies*. Morgantown, WV: USDA Forest Service (FHTET 98-13), 1998. p. 45-52.

IEDE, E. T.; REIS FILHO, W.; PENTEADO, S. R. C. *Ocorrência de Pissodes castaneus (De Geer) (Coleoptera: Curculionidae) em Pinus na Região Sul do Brasil*. Colombo: Embrapa Florestas, 2004. 6 p. (Comunicado Técnico, 114.)

IEDE, E. T.; ZANETTI, R. Ocorrência e recomendações para o manejo de *Sirex noctilio* Fabricius (Hymenoptera, Siricidae) em plantios de *Pinus patula* (Pinaceae) em Minas Gerais, Brasil. *Revista Brasileira de Entomologia*, v. 51, n. 4, p. 529-531, dez. 2007.

LAZZARI, S. M. N.; ZONTA-DE-CARVALHO, R. C. Aphids (Homoptera, Lachninae, Cinarini) on *Pinus* spp. and *Cupressus* sp. in Southern Brazil. In: INTERNATIONAL CONGRESS OF ENTOMOLOGY, 21., 2000, Foz do Iguaçu. *Abstracts...* Londrina: Embrapa Soja, 2000. v. 1. p. 493. (Embrapa Soja. Documentos, 143.)

MARINHO C. G. S.; DELLA LUCIA, T. M. C.; PICANÇO, M. C. Fatores que dificultam o controle de formigas cortadeiras. *Bahia Agrícola*, v. 7, p. 18-21, 2006.

MILLER, D.; CLARK, A. F. *Sirex noctilio* F. and its parasite in New Zealand. *Bulletin of Entomological Research*, v. 26, n. 2, p. 149-154, 1935.

MORGAN, D. F. Bionomics of Siricidae. *Annual Review of Entomology*, Palo Alto, v. 13, p. 239-256, 1968.

NICKELE, M. A. et al. Attack of leaf-cutting ants in initial pine plantations and growth of plants artificially defoliated. *Pesquisa Agropecuária Brasileira*, v. 47, p. 892-899, 2012.

NICKELE, M. A. et al. Densidade e tamanho de formigueiros de *Acromyrmex crassispinus* em plantios de *Pinus taeda*. Pesquisa Agropecuária Brasileira, v. 44, p. 347-353, 2009.

PENTEADO, S. R. C. *Cinara atlantica* (Wilson) (Hemiptera, Aphididae): um estudo de biologia e associações. 2007. 223 p. Tese (Doutorado) – Universidade Federal do Paraná, Curitiba, 2007.

PENTEADO, S. R. C. et al. *Metodologias para o monitoramento da vespa-da-madeira em plantios de pínus visando ao planejamento das ações de controle*. Colombo: Embrapa Florestas, 2017. 7 p. (Comunicado Técnico, 398.)

PENTEADO, S. R. C.; IEDE, E. T.; REIS FILHO, W. *Manual para o controle da vespa-da-madeira em plantios de pínus*. Colombo: Embrapa Florestas, 2015. 39 p. (Documentos, 76.)

PENTEADO, S. R. C.; IEDE, E. T.; REIS FILHO, W. *Os pulgões-gigantes-do-pínus,* Cinara pinivora *e* Cinara atlantica, *no Brasil*. Colombo: Embrapa Florestas, 2004. 10 p. (Circular Técnica, 87.)

REBUFFO, S. *La "Avispa de la Madera" Sirex noctilio F. en el Uruguay*. Montevideo: Dir. For. 1990. 17 p.

REIS FILHO, W. et al. *Recomendações para o controle químico de formigas cortadeiras em plantios de Pinus e Eucalyptus*. Colombo: Embrapa Florestas, 2015. 7 p. (Comunicado Técnico, 354.)

REIS FILHO, W.; NICKELE, M. A. Redução de Custos no Combate às Formigas Cortadeiras em Plantios Florestais. *Anais do 3º Encontro Brasileiro de Silvicultura*. Curitiba: Embrapa, 2014. v. 1, p. 213-220.

REIS FILHO, W.; PENTEADO, S. R. C.; IEDE, E. T. *Controle biológico do pulgão-gigante-do-pínus,* Cinara atlantica *(Hemiptera, Aphididae), pelo parasitoide,* Xenostigmus bifasciatus *(Hymenoptera, Braconidae)*. Colombo: Embrapa Florestas, 2004. 3 p. (Comunicado Técnico, 122.)

TAYLOR, K. L. The Sirex woodwasp: ecology and control of an introduced forest insect. *In*: KITCHING, R. L.; JONES, R. E. *The ecology of pests*: some australian case histories. Melbourne: CSIRO, 1981. p. 231-248.

TRIBE, G. D. The woodwasp *Sirex noctilio* Fabricius (Hymenoptera), a pest of Pinus species, now established in South Africa. *African Entomology*, v. 3, p. 215-217, 1995.

ZALESKI, R. M. S. *Pissodes castaneus* (De Geer) (Coleoptera, Curculionidae): bioecologia, feromônio sexual, variabilidade genética e aspectos do monitoramento e controle. 2009. 121 p. Tese (Doutorado) – Universidade Federal do Paraná, Curitiba, 2009.

7

Manejo de doenças

Nilmara Pereira Caires, Acelino Couto Alfenas

Existem várias doenças abióticas e bióticas que podem interferir na sanidade e produtividade de Pinus. Entre as enfermidades bióticas, aquelas causadas por fungos são de maior importância nas florestas plantadas do Brasil e podem incidir desde a fase de sementes até a de plantas adultas no campo. Alguns patógenos são primários e incidem sobre as árvores sadias, enquanto outros são secundários e só causam doenças em árvores fisiologicamente debilitadas (Sinclair; Lyon, 2005).

A primeira ameaça fitossanitária para a cultura do Pinus no País foi a seca de ponteiros, causada pelo fungo Diplodia pinea (Desm.) J. Kickx (= Sphaeropsis sapinea (Fr.) Dyko & Sutton), que, aliado à inadaptabilidade da espécie, impediu a introdução e o desenvolvimento de Pinus radiata, dizimando as plantações na década de 1940 (Shimizu; Sebbenn, 2008). Além da seca dos ponteiros, as principais enfermidades que afetam a cultura no Brasil atualmente são o tombamento de mudas e a podridão de raízes, causados pelos fungos Calonectria (= Cylindrocladium), Fusarium spp. e Rhizoctonia spp.; a armilariose, provocada por basidiomicetos do gênero Armillaria; e a queima de acículas, causada por Calonectria pteridis; entre outras de importância secundária (Auer; Grigoletti Júnior; Santos, 2001).

É importante ressaltar que os métodos de controle químico geralmente não são utilizados em doenças na área florestal, e não existem produtos fungicidas registrados para a cultura do Pinus no Brasil. Assim, a sua sanidade requer a aplicação de práticas culturais que visem erradicar as fontes de inóculo e reduzir o favorecimento de infecção em viveiros, bem como o plantio de material resistente no campo.

7.1 Doenças em viveiro
7.1.1 Tombamento de mudas
Essa doença ocorre principalmente quando os viveiros não são manejados de forma adequada, permitindo condições propícias ao desenvolvimento de

patógenos. A enfermidade tem adquirido importância secundária com a produção de mudas utilizando substrato e dispostas em tubetes suspensos.

Etiologia e epidemiologia

Presente em todas as regiões do País, a doença é causada por fungos e oomicetos de solo, mais comumente por espécies de *Cylindrocladium*, *Fusarium*, *Rhizoctonia*, *Pythium* e *Phytophthora* (Huang; Kuhlman, 1990), e ocorre quando se utilizam substratos e/ou água contaminados e em condições de alta umidade e temperatura. Além disso, o patógeno *Rhizoctonia solani* desenvolve-se melhor em solos ligeiramente alcalinos (Cibrían; Alvarado; Garcia, 2007). O ciclo de produção de propágulos desses patógenos causadores de tombamento de mudas é rápido, levando apenas poucas horas ou dias. Porém, estruturas de resistência produzidas por eles, como escleródios, clamidósporos e oósporos, sobrevivem no solo por um grande período de tempo.

Sintomatologia

O tombamento pode acontecer em pré- ou pós-emergência. Quando ocorre em pré-emergência, induz o apodrecimento dos tecidos, e as sementes não germinam, ou, se germinam, as plântulas morrem. No período da pós-emergência, verifica-se o desenvolvimento de lesões necróticas no hipocótilo, nas raízes ou no coleto da muda, como mostra a Fig. 7.1. Na sequência, há murcha e morte da parte aérea da planta (Ferreira, 1989).

Fig. 7.1 Tombamento de mudas de *Pinus*: (A) morte de mudas produzidas em tubetes; (B) reboleira causada pelo tombamento de mudas em viveiro; (C) hifas de *Rhizoctonia* spp. em cultura com ramificação característica em ângulo reto; e (D) estruturas típicas de *Pythium* spp.: esporângio, esporangióforo e hifas cenocíticas
Fonte: (A) Cambará S.A; (B) Andrej Kunca, National Forest Centre - Slovakia; (C,D) Acelino Alfenas.

Manejo

Para um controle eficiente, deve-se (i) minimizar as condições que favorecem a ocorrência da doença por meio da utilização de substrato, água e sementes com boas condições sanitárias, livres de patógenos; (ii) fazer o controle da umidade pela frequência ideal de rega; (iii) utilizar baixa densidade de semeadura; (iv) realizar o desbaste o mais cedo possível, para evitar a formação de microclima favorável; e (v) eliminar sistematicamente restos de cultura.

O controle biológico de patógenos vem sendo empregado como medida alternativa para o tombamento de mudas, em espécies tanto florestais quanto agronômicas. Para esse controle, tem sido utilizado sobretudo o antagonista *Trichoderma* spp. (Mariano; Silveira; Gomes, 2005). Já existem diversos produtos comerciais à base desse microrganismo no mercado; são esporos do fungo, comercializados em formulações líquidas ou em pó. Quando líquidas, podem ser facilmente adicionadas à água de irrigação, enquanto as formulações em pó são aplicadas em mistura com o substrato. Esse fungo tem demonstrado eficiência em controlar patógenos que apresentam estruturas de resistência, como clamidósporos e escleródios, e dificilmente são controlados por outros métodos.

7.1.2 Podridão de raízes por *Cylindrocladium*

Etiologia e epidemiologia

Essa doença é causada pelo fungo *Calonectria clavata* (= *Cylindrocladium clavatum*) que, além de *Pinus*, infecta *Araucaria angustifolia* e *Eucalyptus* spp. Mesmo com baixa frequência, a enfermidade já foi relatada nos Estados do Paraná, São Paulo, Minas Gerais, Espírito Santo e Bahia. Em campo, é favorecida quando se utilizam mudas velhas, com raízes enoveladas. Atualmente tem pouca importância (Ferreira, 1989).

Sintomatologia

A doença pode ocorrer tanto em viveiro quanto no campo. Em viveiro, surgem a podridão e o anelamento de raízes tenras de mudas a partir dos dois meses de idade (Fig. 7.2). É comum a incidência de sintomas reflexos na parte aérea, como amarelecimento e murcha das mudas. Em plantas adultas, a partir dos dois anos de idade, os sintomas são observados na parte aérea, pela mudança na coloração das acículas para marrom-ferrugíneo. Em raízes tenras, o tecido inteiro se torna apodrecido. Em raízes mais velhas, a casca torna-se escurecida, devido à abundante produção de resina, formando crostas em toda a superfície. A enfermidade pode incidir tanto em plantas isoladas quanto em reboleiras contendo árvores com diferentes estágios de desenvolvimento da doença (Auer; Grigoletti Júnior; Santos, 2001; Ferreira, 1989).

Manejo

Para controlar a doença em viveiro, recomenda-se usar substratos inertes ou esterilizados e evitar a semeadura em altas densidades (as condições de umidade e temperatura favorecem a doença) e a adubação excessiva, principalmente a

Fig. 7.2 Podridão de raízes de *Pinus* spp. por *Calonectria clavata*: apodrecimento de raízes e escurecimento do caule
Fonte: Lombard *et al.* (2009).

nitrogenada. Além disso, pulverizações preventivas podem ser aplicadas no viveiro; no entanto, vale ressaltar que não existem produtos registrados para a cultura no Ministério da Agricultura (Ferreira, 1989). Em campo, a doença não tem causado danos que justifiquem a adoção de medidas de controle.

7.2 Doenças de campo

7.2.1 Armilariose

Espécies de *Armillaria* atuam como importantes decompositores de tocos e restos de cultura em cultivos florestais. No entanto, em determinadas condições, podem atuar como agentes patogênicos, exigindo maior cuidado na diagnose.

Etiologia e epidemiologia

O gênero *Armillaria* tem distribuição mundial. No Brasil, relatos da doença têm sido registrados nas Regiões Sul e Sudeste, onde se concentram os plantios comerciais de *Pinus*. Segundo Mendes e Urben (2017) em estudo da Embrapa e os órgãos de defesa oficiais, no Brasil, é encontrada apenas a espécie *Armillaria mellea*. Porém, são necessários mais estudos para confirmar o agente causal, principalmente na Região Sul, onde, de acordo com Gomes e Auer (2005), a espécie que ocorre em *Pinus elliottii* e *P. taeda* é a *A. luteobubalina*.

A infecção por *Armillaria* spp. é favorecida por estresses bióticos ou abióticos, que enfraquecem a resistência do hospedeiro. O fungo desenvolve-se sobre tocos de madeira e raízes, como rizomorfos, os quais são estruturas finas e compridas chamadas de "cordões de sapatos", e como micélio (Fig. 7.3). Em determinadas épocas do ano, corpos de frutificação (cogumelos) são produzidos a partir dos rizomorfos. Esses corpos de frutificação liberam esporos, que são transportados pelo vento para tocos mortos ou plantas vivas e, em condições favoráveis de umidade e temperatura, germinam e produzem um micélio que infecta primeiro a casca e, posteriormente, o alburno e câmbio da planta. Em seguida, o ciclo reinicia-se a partir da formação de rizomorfos, que podem crescer em distâncias de até três metros através do solo e, em contato com o hospedeiro suscetível, aderem às raízes por meio de uma secreção gelatinosa (Sinclair; Lyon, 2005). Os rizomorfos penetram na raiz, e o fungo continua a se desenvolver nos tecidos das raízes e do tronco, mesmo vários anos após a morte da planta. Dependendo das condições ambientais e do vigor, os hospedeiros podem morrer rapidamente ou sobreviver por vários anos após a infecção inicial (Sinclair; Lyon, 2005).

Fig. 7.3 Podridão de *Armillaria* spp. em *Pinus*: (A) diferentes estágios do bronzeamento de acículas; (B) reboleira de árvores mortas pela doença; (C) cordões miceliais presentes sob a casca de árvore infectada; (D) podridão do colo; e (E) corpos de frutificação do patógeno
Fonte: (A,C,D) cortesia de Rodrigo Ahumada e Alessandro Eligio Rotella (Arauco/Bioforest); (B) Acelino Alfenas (2019); (E) Schomaker (2019).

A doença ocorre com maior incidência em áreas recém-desmatadas e em plantas sob estresse. Assim, o plantio de mudas com raízes enoveladas em sítios inadequados e em regiões com déficit hídrico, entre outros, deve ser evitado. A faixa de temperatura ideal para o crescimento do patógeno situa-se entre 15 °C e 25 °C, com acentuada queda em temperatura superior a 30 °C.

Sintomatologia

O patógeno pode matar árvores adultas, embora a mortalidade seja observada com mais frequência em árvores jovens. Em geral, as árvores jovens são mortas rapidamente, enquanto nas mais velhas os sintomas não são percebidos até que o patógeno esteja presente por alguns anos e tenha colonizado grande parte do sistema radicular. A planta infectada apresenta amarelecimento na parte aérea e perda progressiva de vigor e, na base, podem ser notados alguns basidiocarpos. Se o solo for removido na projeção da copa, é possível observar que as raízes laterais estão mortas e, muitas vezes, todo o sistema radicular está comprometido (Horst, 2013). Como *Armillaria* coloniza raízes, sua detecção é difícil, a menos que corpos de frutificação característicos sejam produzidos em torno da base da árvore. Se *Armillaria* estiver presente na árvore, a remoção da casca na região que cobre a infecção pode expor cordões miceliais de coloração branca ou os rizomorfos característicos, que crescem entre a madeira e a casca.

Manejo

O controle da armilariose do *Pinus* é extremamente difícil, uma vez que se trata de patógeno de solo com alta capacidade de dispersão e reprodução. Na silvicultura, muitas vezes o valor das árvores individuais é baixo para justificar métodos de controle caros, como tratamentos biológicos ou químicos. Assim, o tratamento é baseado principalmente no manejo florestal e nos métodos culturais.

Danos significativos causados por espécies de *Armillaria* só ocorrem quando o hospedeiro se encontra em situação de estresse e/ou quando o potencial de inóculo na área é grande. Dessa forma, a simples presença do patógeno em determinado local não justifica a implementação de medidas de controle. A forma mais eficiente para o controle da doença é manter a árvore com vigor adequado pela escolha do local e manejo silvicultural apropriados, como evitar locais mal drenados e solos compactados ou nos limites de adaptação climática do hospedeiro, de maneira a impedir estresses (Rippy *et al.*, 2005). Áreas recentemente desmatadas oferecem risco especial (Shaw; Roth, 1978), mas, caso inevitáveis, ao estabelecer plantios de *Pinus* nessas áreas, recomenda-se a remoção de restos vegetais do cultivo anterior ou a exposição das raízes remanescentes desse cultivo ao sol, para que haja o dessecamento do material infectado e a consequente redução da fonte de inóculo. Tocos recém-cortados que permaneçam na área podem ser tratados com borato de sódio ou nitrito de sódio, porém o controle químico da doença não é recomendado, devido ao seu alto custo e baixa eficiência.

7.2.2 Seca de ponteiros

Na década de 1940, essa doença dizimou plantações de Pinus radiata, espécie altamente suscetível, impedindo o estabelecimento da cultura no Brasil. A seca de ponteiros é considerada a enfermidade de maior importância em plantações de Pinus na África do Sul (Cibrían; Alvarado; Garcia, 2007).

Etiologia e epidemiologia

O agente causal dessa doença, Diplodia pinea (Desm.) J. Kickx (= Sphaeropsis sapinea (Fr.) Dyko & Sutton), é endofítico e sobrevive ao longo do ano em acículas, cones e bainhas infectadas na árvore, em sementes infectadas ou em restos florestais. Seus esporos são dispersos pelo vento ou pela chuva e podem penetrar o hospedeiro sadio por meio de ferimentos. A doença desenvolve-se bem em condições de alta umidade e alta temperatura, em torno de 25 °C. Injúrias nos ramos e ponteiros da planta, causadas por chuvas fortes e insetos, favorecem a infecção. O patógeno está presente em todas as regiões do País onde se cultiva Pinus.

Sintomatologia

Os sintomas iniciais podem ser observados a grandes distâncias e se caracterizam pela seca e coloração palha de acículas, localizadas na região apical de ramos jovens da porção inferior da árvore, ocorrendo intensa exsudação de resina nas lesões (Fig. 7.4). É possível observar, com o auxílio de lupa, a presença de corpos de frutificação do patógeno: picnídios de coloração negra na base das acículas. Com o progresso da doença, há a morte progressiva de ramos terminais e a consequente redução no crescimento da árvore. Além disso, o patógeno pode causar azulamento na madeira de árvores afetadas. No entanto, esse azulamento somente se dá em toras derrubadas que permanecem em condições de elevada umidade, não sendo um problema em árvores vivas (Ferreira, 1989).

Manejo

O dano causado é maior em árvores debilitadas, mais velhas, submetidas a estresses abióticos ou a injúrias causadas por insetos. Assim, nutrição e irrigação adequadas tornam a árvore mais vigorosa e mais resistente à seca de ponteiros. Quando os sintomas estão restritos a apenas alguns ramos da árvore, o manejo com podas e destruição dos ramos afetados pode ser adotado. Em casos de maior severidade, sugere-se o arranquio de árvores mortas e debilitadas (Cibrían; Alvarado; Garcia, 2007). As ferramentas de poda devem ser desinfestadas com álcool 70%, antes de serem utilizadas em outra árvore afetada. No viveiro, a doença pode ser controlada com calda bordalesa.

Fig. 7.4 Seca de ponteiros em *Pinus*, causada por *Diplodia pinea*: (A) morte de acículas na parte apical das plantas; (B) ramo com acículas exibindo coloração palha; (C) picnídios do patógeno (pontos pretos) em acículas infectadas; e (D) secção transversal de caule evidenciando o azulamento da madeira
Fonte: cortesia de Rodrigo Ahumada e Alessandro Eligio Rotella (Arauco/Bioforest).

7.2.3 Queima de acículas por *Calonectria pteridis* (Wolf)

Essa doença está restrita às Regiões Norte e Nordeste do Brasil, em espécies tropicais do gênero *Pinus*, como *Pinus caribaea*.

Etiologia e epidemiologia

O agente causal é o fungo *Calonectria pteridis* (= *Cylindrocladium pteridis*), que infecta outras espécies florestais, inclusive o eucalipto. Em *Pinus*, no Brasil, esse patógeno está associado a *P. caribaea* var. *hondurensis* e *P. oocarpa* (Auer; Grigoletti Júnior; Santos, 2001). Condições de umidade elevada e alta densidade de mudas favorecem a ocorrência da doença no viveiro. Em campo, essa enfermidade desenvolve-se em períodos de chuvas contínuas. A doença não tem sido limitante da cultura no País, porém, em seu primeiro relato, há informação de ter causado surto com elevada incidência e severidade no Recôncavo Baiano, com cerca de 50% das plantas atingidas. Apesar dessa ocorrência, as plantas recuperaram-se rapidamente e de maneira satisfatória.

Sintomatologia

A doença pode ocorrer tanto em viveiro quanto no campo, atacando, neste último, mudas com até quatro anos de idade. Os sintomas caracterizam-se por lesões que podem ser de coloração marrom com halo amarelo ou marrom-avermelhada (Fig. 7.5). Nessas lesões, ocorre o estrangulamento da acícula, o que faz com que a parte compreendida entre o estrangulamento e a extremidade se torne necrótica e morra (Auer; Grigoletti Júnior; Santos, 2001). Por isso, as plantas infectadas pelo patógeno parecem ter sido chamuscadas por fogo (Ferreira, 1989).

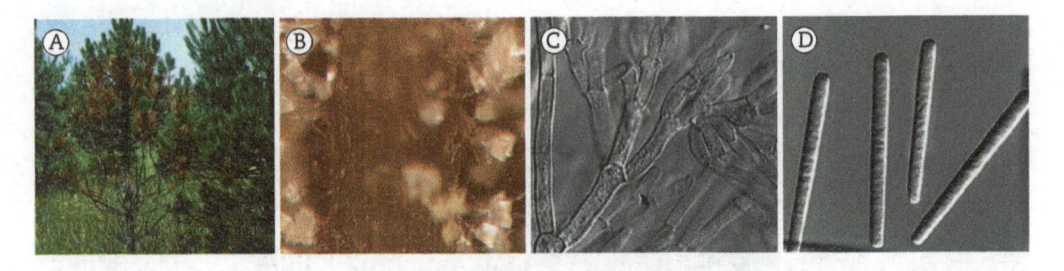

Fig. 7.5 Queima de acículas por *Calonectria* (= *Cylindrocladium*) *pteridis*: (A) árvore com sintomas da doença; (B) estruturas do patógeno observadas sob lupa; (C) conidióforos; e (D) conídios
Fonte: (A) Steven Munson, USDA Forest Service; (B,C,D) Crous *et al.* (2006).

Manejo

Para controlar a doença em viveiro, recomenda-se aumentar o espaçamento das mudas e diminuir a frequência de irrigação. Além disso, pulverizações preventivas podem ser realizadas quinzenalmente; porém, vale ressaltar que não existem produtos registrados para a cultura no Ministério da Agricultura. No campo, a doença não tem causado danos que justifiquem a adoção de medidas de controle. No entanto, há variabilidade genética no hospedeiro, o que possibilita a seleção de indivíduos resistentes ao patógeno.

7.2.4 Queima de acículas por *Mycosphaerella*

A queima de acículas por *Mycosphaerella* é provavelmente a doença foliar de maior importância em cultivos de *Pinus* no mundo; todavia, no Brasil, tem importância secundária.

Etiologia e epidemiologia

O agente causal dessa doença é o fungo *Mycosphaerella pini* (= *Dothistroma septosporum*), que infecta principalmente espécies de clima temperado e foi um dos fatores limitantes para o estabelecimento de *Pinus radiata* no País. A enfermidade foi relatada no ano de 1968 e causou grave epidemia, porém as espécies cultivadas hoje possuem resistência (Almeida, 1970). Não existem informações sobre as condições favoráveis para a sua ocorrência no Brasil. Em países onde possui elevada importância, sua incidência e severidade sofrem forte influência da precipitação e da temperatura, além de sensível influência das diferenças anuais do clima. As condições ideais são temperatura acima de 18 °C e umidade relativa elevada (Woods *et al.*, 2016). Embora a doença ocorra em plantas adultas no campo, muitos autores acreditam que o inóculo inicial para a ocorrência de epidemias advenha de mudas trazidas do viveiro já infectadas (Ferreira, 1989). Em viveiro, os sintomas só são expressos em mudas já passadas, acima de oito meses de idade. O patógeno tem distribuição global, e a doença encontra-se em toda a Eurásia, África, Oceania e Américas, mas sua expressão é maior em países de clima temperado.

Sintomatologia

A doença é caracterizada pelo amarelecimento e bronzeamento de acículas, que se inicia nas porções basais e progride de modo ascendente na copa. Essas lesões, que aparecem em qualquer porção, expandem-se e anelam as acículas, tornando-as secas nas extremidades (Fig. 7.6). Quando a severidade é grande, ocorre intensa desfolha, o que afeta o desenvolvimento da árvore e pode levá-la à morte ou, quando isso não acontece, acarreta perda no seu incremento volumétrico, dependendo da intensidade da desfolha.

Fig. 7.6 Queima de acículas de *Pinus* spp. por *Mycosphaerella pini*: (A) mortalidade de árvores em campo; (B) bandas ou lesões típicas de coloração avermelhada em acículas; e (C) sinais do patógeno em acículas
Fonte: cortesia de Rodrigo Ahumada e Alessandro Eligio Rotella (Arauco/Bioforest).

Manejo

É uma das poucas doenças florestais para as quais é recomendado e utilizado o controle químico no campo, sendo a forma mais comum a aplicação aérea de fungicidas à base de cobre. Em países como a Nova Zelândia, a pulverização de fungicidas é recomendada quando pelo menos 50% das árvores apresentarem porcentagem de desfolha de 25% ou mais. Além disso, a estratégia adotada tem sido a resistência genética a essa doença, com redução de 10% da infecção, em média. Poda e desbaste também diminuem a enfermidade, pois aumentam o fluxo de ar e reduzem a umidade nas acículas. Além disso, as podas removem a porção doente, diminuindo a fonte de inóculo para novas inoculações.

REFERÊNCIAS BIBLIOGRÁFICAS

ALMEIDA, A. B. *Dothistroma pini* Hulbary em Pinus no Estado do Paraná. *Revista Floresta*, Curitiba, v. 2, n. 3, p. 21-23, 1970.

AUER, C. G.; GRIGOLETTI JÚNIOR, A.; SANTOS, A. F. dos. *Doenças em* Pinus: identificação e controle. [S. l.]: Embrapa Florestas, 2001. (Circular Técnica, 48.)

CIBRÍAN, T. D.; ALVARADO, D. R.; GARCIA, D. S. E. (ed.). *Enfermedades forestales en México/ Forest diseases in México*. Universidad Autónoma Chapingo; CONAFOR-SEMARNART, México; Forest Service USDA, EUA; NRCAN Forest Service, Canadá y Comisíon Florestal de America del Norte, COFAN, FAO. Chapingo, México, 2007. 587 p.

CROUS, P. W. *et al.* Calonectria species and their Cylindrocladium anamorphs: species with clavate vesicles. *Studies in Mycology*, v. 55, p. 213-226, 2006.

FERREIRA, F. A. *Patologia florestal: principais doenças florestais no Brasil*. Viçosa, MG: Sociedade de Investigações Florestais, 1989. 570 p.

GOMES, N. S. B.; AUER, C. G. *Armilariose em Pinus elliottii e Pinus taeda na Região Sul do Brasil*. Curitiba, PR: Universidade Federal do Paraná, 2005. v. 1. 96 p.

HORST, R. K. *Westcott's plant disease handbook*. 8 ed. [S.l.]: Springer Netherlands. 2013. 826 p.

HUANG, J. W.; KUHLMAN, E. G. Fungi associated with damping-off of slash pine seedlings in Georgia. *Plant Disease*, n. 74, p. 27-30, 1990.

LOMBARD, L. et al. Calonectria (Cylindrocladium) species associated with dying Pinus cuttings. *Persoonia*, v. 23, p. 41, 2009.

MARIANO, R. L. R.; SILVEIRA, E. B.; GOMES, A. M. A. Controle biológico de doenças radiculares. In: MICHEREFF, S. J.; ANDRADE, D. E. G. T.; MENEZES, M. *Ecologia e manejo de doenças radiculares em solos tropicais*. Recife, PE: UFRPE, 2005. p. 303-322.

MENDES, M. A. S.; URBEN, A. F. *Fungos relatados em plantas no Brasil, Laboratório de Quarentena Vegetal*. Brasília, DF: Embrapa Recursos Genéticos e Biotecnologia, 2017. Disponível em: http://pragawall.cenargen.embrapa.br/aiqweb/michtml/micbanco01a.asp>. Acesso em: 3 fev. 2018.

RIPPY, R. C. et al. Root diseases in coniferous forests of the Inland West: potential implications of fuels treatments. *The Bark Beetles, Fuels, and Fire Bibliography*, n. 59, 2005.

SCHOMAKER, M. Forestryimages. Disponível em: https://www.forestryimages.org/browse/autimages.cfm?aut=1083. Acesso em: mar. 2019.

SHAW, C. G.; ROTH, L. F. Control of Armillaria root rot in managed coniferous forests. *Forest Pathology*, n. 8, v. 3, p. 163-174, 1978.

SHIMIZU, J.; SEBBENN, A. Espécies de Pinus na silvicultura brasileira. In: SHIMIZU, J. (ed.). *Pinus na silvicultura brasileira*. Colombo, PR: Embrapa Florestas, 2008. p. 49-74.

SINCLAIR, W. A.; LYON, H. H. *Diseases of trees and shrubs*. 2 ed. Cornell: Cornell University Press. 2005. 680 p.

WOODS, A. J. et al. Dothiostroma needle blight, weather and possible climatic triggers for the disease's recent emergence. *Forest Pathology*, n. 46, v. 5, p. 443-452, 2016.

8

Sistemas de manejo, desbaste e desrama

Sérgio Valiengo Valeri

A silvicultura de espécies do gênero *Pinus* no Brasil tem como objetivo a produção de madeira de pequenas e grandes dimensões, principalmente para celulose e papel, painéis de madeira e serraria. A madeira de dimensão grande, praticamente sem nós, conhecida também como madeira desramada, é considerada nobre para serraria e laminação para compensados (Scolforo et al., 2001). Essas formas de madeira são empregadas na construção civil, movelaria com uso de madeira maciça e construção de instrumentos musicais. Além do uso da madeira, algumas espécies são manejadas para extração de resina, como atividade complementar.

O sistema de manejo florestal mais adotado no Brasil para a cultura do *Pinus* que visa atender a esses objetivos é o que associa o regime de desbaste ao regime de desrama. Esse é a arte da silvicultura que modela a forma da árvore, do caule comercializável, denominado fuste, e garante a quantidade e qualidade da madeira a ser produzida.

A escolha da espécie, o espaçamento de plantio e o sistema de condução do povoamento florestal devem ser adequados para que os benefícios e os produtos pretendidos inicialmente sejam obtidos a baixo custo e com a qualidade desejada. Cada povoamento é submetido a um manejo específico para atender aos objetivos industriais da produção de madeira. As operações variadas de manejo, como desbastes de diferentes tipos, intensidades e épocas, conjugados com as desramas artificiais e as variações do corte final, dependem da espécie, do material genético, da qualidade do meio físico, como tipo de solo e clima, e do espaçamento (Oliveira, 2008).

Quando bem manejadas e direcionadas para adquirir múltiplos produtos advindos da madeira, as florestas de produção garantem a maximização dos lucros na medida em que se adotam práticas com o objetivo de agregar valor à madeira. Além disso, a obtenção de múltiplos produtos reduz o impacto das oscilações do mercado sobre cada produto individualmente (Assis et al., 2002). No inventário florestal, a descrição e a classificação dos fustes de forma otimizada, segundo a qualidade da madeira, suas dimensões e possibilidades de uso, são conhecidas como sortimento, fornecendo dados que garantem, além da classificação física, melhor remuneração da madeira, com a destinação de toras de diversas bitolas ao mercado específico (Souza et al., 2008). Segundo Kohler et al. (2015), o sortimento florestal do inventário que visa a avaliação comercial qualitativa e quantitativa da floresta em pé, a partir de uma lista de diferentes multiprodutos, fornece informações essenciais para a tomada de decisões do manejo florestal.

Existem vários sistemas ou regimes de manejo de povoamentos florestais, envolvendo principalmente regimes de desbastes e desramas. Geralmente, no Brasil, os povoamentos das diferentes espécies do gênero Pinus são implantados em espaçamentos reduzidos com alta densidade de indivíduos, em torno de 2.000 plantas por hectare, e, ao longo da vida, são submetidos a desbastes periódicos, com a redução gradativa dos indivíduos da população. Esse regime possibilita a produção de madeira de pequenas dimensões nos primeiros desbastes e madeiras de grandes dimensões nos últimos desbastes e no corte final, no qual a rotação é superior a 20 anos, dependendo da espécie e região.

A floresta de Pinus é diferenciada por seu uso múltiplo, porque, após o corte, sua madeira pode ser destinada à indústria laminadora, que a utiliza para fabricação de compensados; à indústria de serrados, que a transforma em madeira beneficiada ou converte em móveis; à indústria de papel e celulose; e à indústria de MDF; além disso, o seu resíduo tem sido aproveitado como biomassa para geração de vapor e energia (Kronka; Bertolani; Ponce, 2005, p. 29). Para que a produção de madeira seja de qualidade, como para a indústria de serrados e de compensados, os desbastes devem ser realizados em épocas que favoreçam um ritmo de crescimento uniforme, com a menor presença possível de nós no interior.

As espécies de Pinus, em geral, apresentam dificuldade de desrama natural dos ramos inferiores da copa, mesmo após a morte. Com o crescimento em diâmetro do caule, os ramos que não se desprendem dele acabam sendo incorporados ao interior da madeira, resultando em nós que prejudicam as suas qualidades. Além de comprometer o aspecto visual, os nós originados de ramos mortos acabam se soltando da madeira serrada e dos laminados após a secagem, e por isso são conhecidos como nós soltos. Os nós presos são resultantes da incorporação de ramos vivos durante o crescimento em diâmetro do caule, e os nós soltos, pela baixa aderência, podem gerar espaços vazios na madeira serrada ou processada. Sendo assim, para otimizar a qualidade da madeira, é necessário realizar o desbaste em conjugação com a desrama artificial, de forma a remover os ramos mortos e impedir sua incorporação ao tronco.

8.1 REGIME DE DESBASTE

Desbastes são cortes parciais aplicados em povoamentos imaturos, com o objetivo de estimular o crescimento das árvores remanescentes e aumentar a produção de madeira utilizável. Existem vários sistemas ou regimes de desbastes; um deles é representado na Fig. 8.1.

A copa de uma planta jovem de *Pinus* recém-plantada apresenta um formato de elipse, e com o desenvolvimento ela adquire a forma de um cone e se torna arredondada quando adulta. O regime de desbastes ilustrado na Fig. 8.1 possibilita o fornecimento de madeiras de pequenas dimensões nos primeiros desbastes. Esse sistema associa a cada desbaste o regime de desrama para a produção de madeira nobre de alta qualidade, e as grandes toras obtidas no corte final são usadas principalmente para confecção de madeiras serradas e fabricação de laminados para compensados. Sugere-se o plantio de alta densidade de mudas, porque se deseja fustes desenvolvidos com ramos finos, e não grossos (Fig. 8.2). A alta densidade ocasiona sombreamento dos ramos inferiores, que caem naturalmente e são mais fáceis de ser removidos. Assim, associa-se o regime de desbaste ao de desrama artificial nesses plantios para obter madeiras de grandes dimensões com baixa porcentagem de nós.

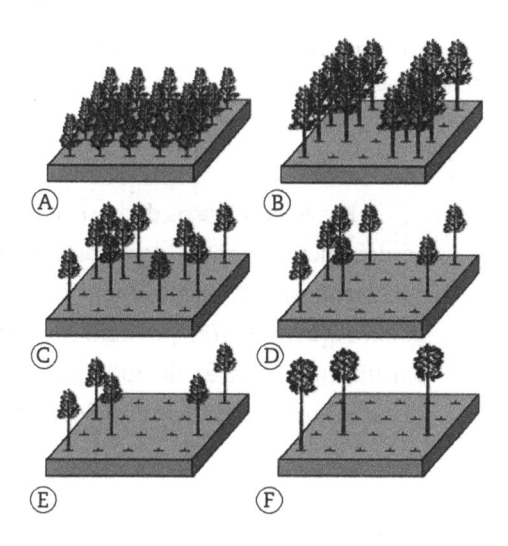

Fig. 8.1 Números de árvores plantadas e remanescentes de um regime de desbastes aplicado em povoamento de *Pinus*: (A) plantio: 2.000 mudas ha^{-1}; (B) 1º desbaste: 1.400 árvores ha^{-1} aos oito anos; (C) 2º desbaste: 1.000 árvores ha^{-1} aos dez anos; (D) 3º desbaste: 700 árvores ha^{-1} aos 12 anos; (E) 4º desbaste: 500 árvores ha^{-1} aos 15 anos; (F) 5º desbaste: 300 árvores ha^{-1} aos 19 anos. As árvores remanescentes do 5º desbaste (F) se desenvolvem até o corte final aos 25 anos
Fonte: ilustrado a partir de dados de Nicolielo (1985).

À medida que o tempo passa, as árvores em alta densidade de um povoamento florestal competem por água, nutrientes e luminosidade, e há sombreamento mútuo dos ramos inferiores. Por isso, há a formação de ramos finos que morrem precocemente, caindo de forma natural, são mais fáceis de ser retirados com a desrama artificial e produzem nós menores. Os ramos superiores, recebendo luminosidade, continuam a se desenvolver. Isso ocasionaria, em determinado momento, a redução da taxa de crescimento, principalmente em relação ao diâmetro do caule à altura do peito, medido a 1,3 m de altura do solo (DAP), como ilustrado na Fig. 8.2. Fazendo-se o desbaste, a competição diminui, elevando a taxa de crescimento das árvores remanescentes.

Fig. 8.2 Esquema da produção de madeira de *Pinus* de grandes dimensões e de qualidade para serraria e laminados. As fotografias de povoamento florestal foram tiradas na Faculdade de Ciências Agrárias e Veterinárias da Unesp, *campus* de Jaboticabal (SP), em 2018

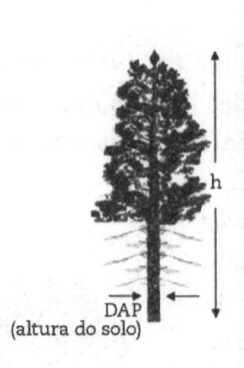

A Fig. 8.3 ilustra os dados estimados de crescimento volumétrico de madeira de dois povoamentos de *Pinus caribaea* var. *hondurensis*, um que foi submetido ao regime de desbaste e outro sem desbaste (Nicolielo, 1985). A estimativa mostra que, em um povoamento florestal não desbastado, a produção bruta por unidade de área de 560 m³ ha⁻¹, em longo prazo, é cerca de 80% da produção total que seria obtida pelo valor acumulado das produções intermediárias (desbastes) acrescido da produção obtida no corte final, num total de 710 m³ ha⁻¹, se o plantio tivesse sido submetido a um regime de desbastes. Com a prática do desbaste, a produção de madeira concentrada nas 300 árvores do corte final é de alta qualidade e representa 66% de toda a madeira produzida durante a existência do povoamento. Essa estimativa de ganho na produção de madeira de aproximadamente 27% a mais do povoamento desbastado em relação ao não desbastado deve ser restrita aos dados apresentados, e não ser generalizada.

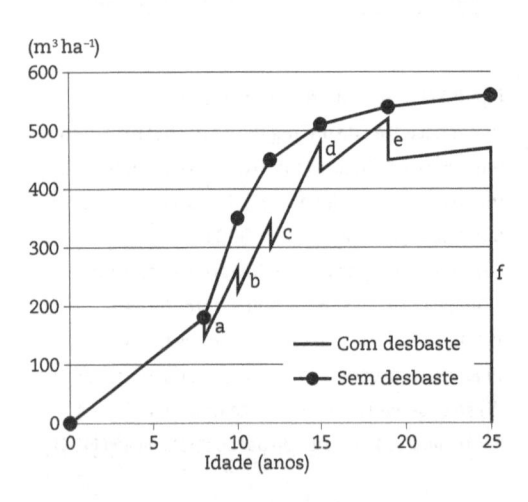

Fig. 8.3 Produção bruta de madeira de *Pinus caribaea* var. *hondurensis* em povoamento florestal desbastado e não desbastado na região de Agudos (SP). A produção total no povoamento desbastado foi de 710 m³ ha⁻¹ aos 25 anos, resultante da soma da produtividade dos cinco desbastes e do corte final (a + b + c + d + e + f) realizados, respectivamente, nas idades de 8, 10, 12, 15, 19 e 25 anos, com a = 35; b = 40; c = 45; d = 50; e = 70; f = 470 m³ ha⁻¹. A produção total do povoamento não desbastado foi de 560 m³ ha⁻¹ aos 25 anos Fonte: estimado a partir de dados de Nicolielo (1985).

No caso de *Pinus taeda* para celulose e papel, Sanquetta *et al.* (2004) verificaram que a adoção do espaçamento de 2,5 m × 2,0 m, sem desbaste e corte final aos 20 anos, foi a melhor combinação entre outras com desbaste aos 9 e 15 anos. Assim, quando não se deseja madeiras de grandes dimensões, como para a fabricação de celulose, o melhor regime em povoamento de *Pinus taeda* foi o de alto fuste sem desbastes, com plantio das mudas no espaçamento 2,5 m × 2,0 m e corte final aos 20 anos. Já Scolforo *et al.* (2001), avaliando aspectos econômicos associados à qualidade de madeira de *Pinus taeda*, mostraram que a densidade de plantio, ou seja, o número de mudas por hectare, depende da qualidade do sítio, resultante dos atributos físicos e de fertilidade do solo. Esses autores também mostraram que houve ganhos de qualidade de madeira para serraria, desprovida de nós, e consequentes ganhos econômicos nos povoamentos de *Pinus taeda* submetidos a regimes de desbastes associados às práticas de desrama. Esses dois trabalhos mostram que a prática de desbaste pode reduzir a produção de madeira, mas também aumenta substancialmente a sua qualidade. Assim, a adoção da prática de desbaste depende da finalidade da madeira, da espécie florestal, dos atributos físicos e de fertilidade do solo, das práticas de plantio e culturais, entre outros fatores.

Em rotações longas, o número de árvores deve ser reduzido de forma gradativa para conservar as vantagens da competição, sendo os desbastes efetuados periodicamente. Como as empresas que conduzem os povoamentos florestais sob o regime de alto fuste obtêm madeira de pequenas dimensões nos primeiros desbastes, há a necessidade de programar o uso dessa madeira ou a sua colocação numa fonte de consumo.

8.1.1 Épocas de desbaste e corte final

Um povoamento florestal deve ser explorado quando as árvores que o constituem atingirem o máximo crescimento e produzirem a quantidade máxima de madeira. O tempo necessário para que isso ocorra é chamado de idade de corte, ou rotação, e pode variar em função da espécie, do espaçamento entre as árvores e da finalidade da produção. Sendo assim, para que os desbastes e o corte final sejam realizados em épocas adequadas, é preciso acompanhar o desenvolvimento do povoamento, principalmente em diâmetro, área basal, volume ou biomassa de madeira.

O crescimento em diâmetro é afetado pelo espaçamento entre as plantas e, quando ele cessa, devem ser efetuados os desbastes para que haja a sua retomada. No passado, a área basal era a variável mais frequentemente usada na determinação da época de cada desbaste e corte final, pela facilidade de obtenção dos dados de campo. Hoje, com a disponibilidade de equipamentos modernos de determinação de dados dendrométricos, o volume real de madeira por hectare é a variável mais precisa, pois agrega, além da área basal, a altura e a forma das árvores. Assim, os dados de crescimento são obtidos por meio de inventário florestal, usando parcelas de amostragem permanentes e representativas do povoamento. Para tanto, são mensurados anualmente o diâmetro à altura do peito (DAP), medido a 1,3 m de altura do solo, e o diâmetro do caule a diferentes alturas do solo e à altura total da árvore, que podem ser obtidos com uso de dendrômetro ótico digital e hipsômetro ótico digital a *laser*. A partir desses dados, determina-se a área basal, o volume cilíndrico e o volume real de madeira do caule comercial (fuste) das árvores por hectare. O volume real de madeira com casca da árvore é obtido pela técnica da cubagem rigorosa, com a medição de diâmetro do caule com casca a diferentes alturas do solo, enquanto o volume real de madeira sem casca é obtido descontando o volume de casca, ou usando o fator de casca, com base na porcentagem de casca.

No ponto de estagnação ou paralisação do crescimento da variável escolhida (área basal, volume cilíndrico, volume real de madeira, biomassa de madeira), o povoamento atinge o seu máximo valor, devendo ser efetuado o primeiro desbaste. Com a retirada de algumas árvores, o espaçamento entre plantas aumenta e o povoamento volta a crescer, e os desbastes subsequentes devem ser efetuados sempre que o valor máximo da variável for novamente alcançado. A idade de corte é determinada a partir dos dados brutos de crescimento anual de cada uma dessas variáveis, calculando-se o incremento corrente anual (ICA) e o incremento médio anual (IMA) ou incremento periódico anual (IPA) da variável escolhida por hectare. O termo ICA é usado quando os dados dendrométricos forem medidos anualmente e expressa o crescimento ocorrido entre o início e o fim da estação de crescimento, em um período de 12 meses, ou entre dois anos consecutivos. Esse crescimento também é conhecido como crescimento acumulado. O IMA expressa a média do crescimento total a certa idade da árvore; assim, dividindo-se o volume da árvore por sua idade, por exemplo, pode-se obter a média anual do crescimento para qualquer idade. No regime de desbastes realizados em períodos diferentes de um ou dois anos, aplica-se o IPA (Coelho; Hosokawa, 2010), que expressa o quanto a árvore cresceu em média de um determinado período de anos. Para o cálculo do IPA, divide-se o valor acumulado entre o início e o fim do período pelo número de anos desse período (Imanã Encinas; Silva; Pinto, 2005). A idade de corte mais precisa deve corresponder ao ano no qual o incremento corrente ou periódico se iguala ao incremento médio, estando assim a floresta na época de exploração.

A época do primeiro desbaste e dos desbastes subsequentes dependerá principalmente da espécie plantada, das características do solo, do espaçamento de plantio e do mercado para a madeira desbastada. A Tab. 8.1 apresenta dados de crescimento volumétrico de madeira de povoamento de *Pinus caribaea* var. *hondurensis* desbastado e não desbastado, e os respectivos valores de IMA e IPA. A Fig. 8.4 ilustra as curvas de crescimento volumétrico desses dois povoamentos em função da idade, enquanto as Figs. 8.5 e 8.6 mostram as curvas dos valores de IMA e IPA e a indicação da idade de corte.

Tab. 8.1 Estimativa de produção bruta de madeira sem casca, incremento médio anual (IMA) e incremento periódico anual (IPA) de um povoamento desbastado e não desbastado em diferentes idades de desbaste e corte final de *Pinus caribaea* var. *hondurensis* plantado no espaçamento de 2,5 m × 2,0 m na região de Agudos (SP)

Idade (anos)	Desbastado (m³ ha⁻¹)					Não desbastado (m³ ha⁻¹)		
	Desbaste	Bruta	IMA	IPA	Parcial	Bruta	IMA	IPA
8	1°	180	23	180	35	180	22,5	180
10	2°	300	30	60	40	350	35,0	85,0
12	3°	420	35	60	45	450	37,5	50,0
15	4°	600	40	60	50	510	34,0	20,0
19	5°	690	36	22,5	70	540	28,4	7,5
25	Corte final	710	28	3,3	470	560	22,4	3,3
Total	-	-	-	-	710	560	-	-

Fonte: estimado a partir de dados de Nicolielo (1985).

Com base nas estimativas para povoamentos de *Pinus* na região de Agudos (SP), no povoamento desbastado (Fig. 8.5), o corte deve ser efetuado em torno de 17,5 anos de idade e no povoamento não desbastado (Fig. 8.6), mais próximo aos 20 anos. Até a idade de corte, as plantas aproveitam totalmente os fatores de crescimento colocados à sua disposição, como água, luz e nutrientes. A partir desse momento, o crescimento das árvores começa a diminuir, em função da competição entre elas. A manutenção da floresta com o crescimento estagnado não é interessante e, para manter o povoamento no máximo de seu potencial de crescimento volumétrico, devem ser efetuados cortes totais ou parciais.

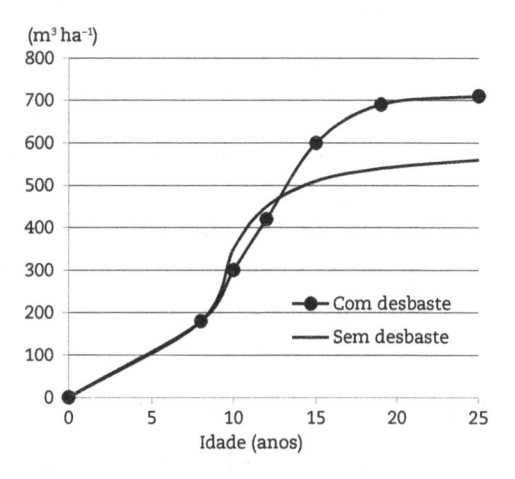

Fig. 8.4 Variação da produtividade de madeira em povoamento desbastado e não desbastado de *Pinus caribaea* var. *hondurensis* na região de Agudos (SP)

Fonte: estimado a partir de dados de Nicolielo (1985).

8.1.2 Intensidade e número de desbastes

A quantidade de desbastes a ser realizada durante o ciclo da floresta e a sua intensidade (porcentagem de árvores retiradas em cada desbaste) variam em função das necessidades e particularidades dos setores florestal e industrial de cada empresa. Quanto maior for o número de desbastes programados, menor

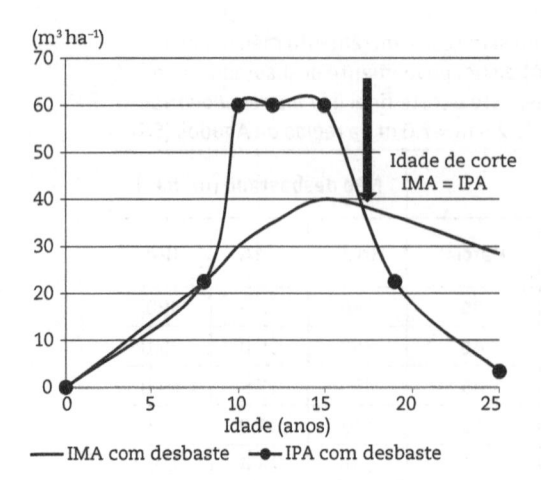

Fig. 8.5 Variação do incremento periódico anual (IPA) e incremento médio anual (IMA) para povoamento desbastado de *Pinus caribaea* var. *hondurensis* na região de Agudos (SP)
Fonte: estimado a partir de dados de Nicolielo (1985).

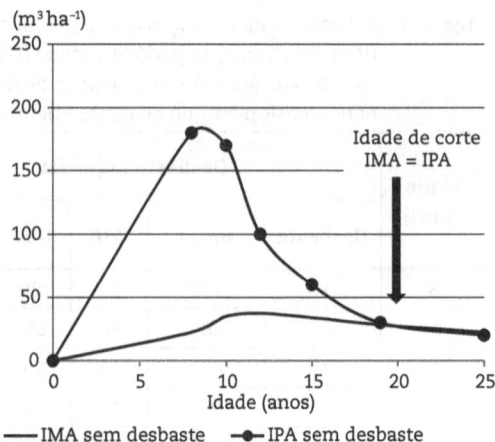

Fig. 8.6 Variação do incremento periódico anual (IPA) e incremento médio anual (IMA) para povoamento não desbastado de *Pinus caribaea* var. *hondurensis* na região de Agudos (SP)
Fonte: estimado a partir de dados de Nicolielo (1985).

deverá ser a intensidade de cada um deles. Numa floresta conduzida para a obtenção de madeira para fins nobres (serraria, laminado e faqueado), precisa-se efetuar desbastes mais frequentes e de intensidade moderada. O custo será superior, com o retorno mais frequente à floresta, mas a remuneração pelo produto final obtido será maior. A Tab. 8.2 apresenta os dados de intensidade, épocas e produtividade de madeira de pequenas e grandes dimensões de diferentes desbastes de *Pinus caribaea* var. *hondurensis* na região de Agudos (SP).

Tab. 8.2 Número de árvores retiradas e remanescentes, intensidade de desbaste (%) atual e acumulado e produção de madeira sem casca por sortimento (fábrica, serraria e total) em diferentes idades de desbaste e corte final, aos 25 anos de povoamento de *Pinus caribaea* var. *hondurensis* plantado no espaçamento de 2,5 m × 2,0 m na região de Agudos (SP)

Desbaste (n°)	Idade (anos)	Árvores ha⁻¹ (n°)			Desbaste (%)		Madeira (m³)		
		Anterior	Retiradas	Remanescentes	Atual	Acumulado	Fábrica	Serrada	Total
1°	8	2.000	600	1.400	30	30	30	5	35
2°	10	1.400	400	1.000	29	50	30	10	40
3°	12	1.000	300	700	30	65	25	20	45
4°	15	700	200	500	29	75	20	30	50
5°	19	500	200	300	40	85	20	50	70
Corte final	25	300	300	–	100	100	90	380	470
Total							215	495	710

Fonte: Nicolielo (1985).

8.2 MÉTODOS DE DESBASTE

8.2.1 Desbaste seletivo

No desbaste seletivo, são selecionadas as árvores a desbastar ou a manter no campo. A tendência é a eliminação das árvores mortas, doentes por fatores bióticos e abióticos, dominadas e defeituosas, inclinadas, bifurcadas, com tortuosidade, madeira com tensão e alinhamento das fibras axiais na forma de grã espiralada, ramos grossos e outras danificações. As árvores remanescentes serão as que apresentarem características apropriadas para as finalidades prioritárias da silvicultura de espécies comerciais; na maioria dos casos, elas precisam ter boa forma e grandes dimensões. É importante que essas árvores fiquem uniformemente distribuídas na área, mesmo que algumas árvores boas sejam eliminadas e outras menos desejáveis continuem a compor o povoamento. Esse método é muito usado na silvicultura de espécies comerciais no Brasil, e a marcação das árvores a retirar nesse tipo de desbaste geralmente é feita com o uso de facão (Fig. 8.7).

8.2.2 Desbaste seletivo por baixo

É o desbaste efetuado nos estágios inferiores da floresta, conhecido como método germânico ou alemão, no qual são removidas as árvores dominadas e intermediárias. Algumas árvores codominantes de má forma também podem ser desbastadas. Esse método tem a vantagem de concentrar o potencial produtivo nas árvores de melhor forma e mais vigorosas, mas há o inconveniente de abater árvores com pequeno valor comercial, o que pode tornar a operação antieconômica, principalmente no primeiro desbaste.

Fig. 8.7 Uso de facão para marcação de árvore a ser retirada no desbaste, na Faculdade de Ciências Agrárias e Veterinárias da Unesp, *campus* de Jaboticabal (SP), em 2018

8.2.3 Desbaste seletivo pelo alto

É o desbaste efetuado nos estágios superiores da floresta, também chamado de método francês. É retirada a maior parte das árvores codominantes, além de algumas dominantes de má forma. As árvores remanescentes serão as dominantes de boa forma, as intermediárias e as dominadas. A vantagem desse método é que, além de ser retirada madeira de bom valor, é favorecido o desenvolvimento das árvores intermediárias e dominadas que, sem a concorrência das codominantes, poderão demonstrar o seu potencial de crescimento. Os métodos alemão e francês de desbastes são usados em manejo e exploração de florestas tropicais, como na Amazônia, e sobretudo na Europa, em florestas naturais onde se pretende, na maioria das vezes, a regeneração natural.

8.2.4 Desbaste mecânico ou sistemático

Nesse método, linhas inteiras de plantas são desbastadas sistematicamente, sem a seleção de árvores. No geral são desbastadas todas as árvores das terceiras linhas de plantas. O espaço aberto irá favorecer o crescimento das árvores da segunda linha (anterior) e da primeira linha em diante, considerando que nas linhas desbastadas existirão árvores boas e más. Esse método é mais eficiente quando o povoamento é uniforme, normalmente formado a partir de sementes de boa qualidade e com a adoção de técnicas de implantação e manutenção adequadas. É um método bastante simples e prático, com as vantagens de dispensar a seleção das árvores e facilitar o corte e a retirada da madeira desbastada.

8.2.5 Desbaste misto ou conjugado

Consiste no método seletivo conjugado com o desbaste sistemático. É estabelecida uma linha para ser totalmente desbastada, enquanto na área localizada entre as linhas desbastadas é efetuado o desbaste seletivo. Para as espécies de regiões subtropicais, como Pinus elliottii var. elliottii e P. taeda, a Klabin S.A. do Paraná adotou por vários anos, nas décadas de 1970 e 1980, os seguintes regimes de desbaste: no 1º desbaste, aos sete anos, o método sistemático na 6ª linha e o seletivo nas linhas restantes; no 2º desbaste, aos dez anos, o método sistemático na 3ª linha remanescente e o seletivo nas demais linhas; no 3º, 4º e 5º desbastes, respectivamente aos 13, 16 e 20 anos, apenas o método seletivo e o corte final aos 25 anos (Speltz; Moreira, 1983), como ilustrado na Fig. 8.8. Assim, são realizados cinco desbastes a intervalos de três a quatro anos, com a madeira mais fina sendo utilizada para a produção de celulose, e a de maiores dimensões destinada para serraria.

8.2.6 Manejo e análise econômica

A Embrapa Florestas desenvolveu os *softwares* SIS Pinus e Planin para auxiliar na tomada de decisões de manejo de povoamentos de Pinus (Oliveira, 2008). Com esses programas, o produtor pode, para cada condição de clima, solo e material genético, testar no computador as opções de manejo de cada povoamento, fazer prognoses de produções presentes e futuras, de cada desbaste e corte final, e efetuar análises econômicas. Com base nos resultados, o produtor consegue avaliar a necessidade e as vantagens da realização de desbastes e escolher a melhor alternativa para atingir os objetivos propostos. As tabelas de crescimento geradas pelo SIS Pinus apresentam resultados anuais de alturas dominante e média das árvores, diâmetro médio, número de árvores por hectare, volume total e incrementos médio e corrente anual. Para cada colheita, tanto de desbastes como do corte final, são geradas tabelas de produção por classe de DAP, com sortimento por tipo de uso industrial, como laminação, desdobro, produção de celulose e geração de energia.

A título de exemplo, com os programas SIS Pinus e Planin, a renda anual média com a venda da madeira em pé de povoamentos de *Pinus taeda* foi estimada por Oliveira (2008) em R$ 4.310,00 ha^{-1}, com base nos preços por sortimento da tora da madeira de 8,0 cm a 17,9 cm de diâmetro para celulose (R$ 40,00 m^{-3}), de 18,0 cm a 24,9 cm de diâmetro para serraria (R$ 90,00 m^{-3}) e com mais de 25 cm de diâmetro para laminação (R$ 180,00 m^{-3}). Os resultados de planejamento da produção de três povoamentos de *Pinus taeda* em 2008 com o uso desses *softwares* são apresentados na Tab. 8.3.

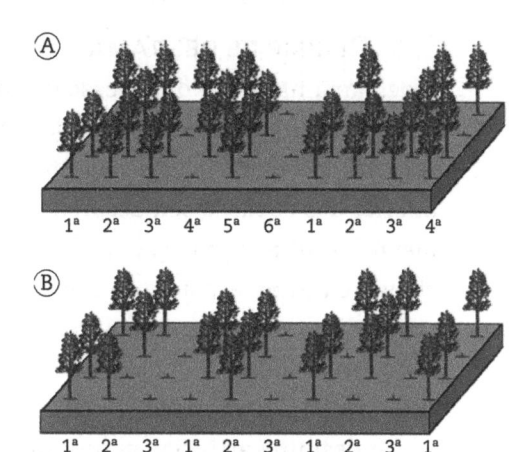

Fig. 8.8 Sistema de desbaste conjugado ou misto, que associa o sistema sistemático na 6ª linha e o seletivo nas demais linhas no 1º desbaste, o sistemático na 3ª linha e o seletivo nas demais linhas no 2º desbaste e o seletivo nos demais desbastes de um povoamento de *Pinus* plantado no espaçamento de 2,5 m × 2,0 m
Fonte: ilustrado com base em dados de Speltz e Moreira (1983) e Nicolielo (1985).

Tab. 8.3 Estimativas de produção e renda, por sortimento da tora de madeira para laminação, desdobramento em serraria e celulose, resultantes de planejamento da produção de três povoamentos de *Pinus taeda* em 2008, pelos programas SIS Pinus e Planin

Idade (anos)	Área (ha)	Corte	Madeira (m³)				Renda (R$)	(%)
			Laminação	Serraria	Celulose	Total		
7	8	1º desbaste	0	0	180	180	7.200,00	1,6
12	8	2º desbaste	0	376	338	714	47.360,00	10,4
20	7	Final	1.826	712	164	2.702	399.320,00	88,0
Total	-	-	1.826	1.088	682	3.596	453.880,00	100,0

Fonte: Oliveira (2008).

8.3 Regime de desrama

A desrama natural é o processo de eliminação dos galhos por agentes físicos e biológicos do meio. Esse processo ocorre lentamente durante a vida das árvores em consequência da senescência, a morte dos galhos, que começa na parte inferior das copas, o seu desprendimento devido ao próprio peso e enfraquecimento, resultante da ação de fungos saprófitas, insetos e outros fatores como chuvas e ventos, e, por fim, a oclusão de ferida. A velocidade da oclusão depende sobretudo do diâmetro da árvore e do comprimento do pedaço de galho que ficou preso ao fuste, e não é influenciada de forma significativa pelo diâmetro desse galho remanescente.

A desrama artificial ou desrama dos ramos laterais da árvore é a remoção dos ramos vivos ou mortos até determinada altura do fuste para a obtenção de madeira limpa (Kronka; Bertolani; Ponce, 2005; Silva; Carneiro; Barroso, 2012). Essa madeira é usada para fins mais nobres: serraria, movelaria, construção civil, produção de laminados e faqueados. A desrama deve ser realizada quando os ramos ainda estão verdes, fazendo com que o nó persista na madeira quando ela for trabalhada, o que não acontece com o nó resultante da desrama do ramo seco. A desrama dos ramos é efetuada com o uso de serra manual (Fig. 8.9) ou motorizada, acoplada em cabos extensores de alumínio com comprimentos reguláveis, geralmente de 2,0 m a 4,0 m, dependendo das necessidades e do número de desrama.

O objetivo básico da desrama artificial é produzir madeira isenta de nós soltos em uma rotação mais curta do que seria possível com a desrama natural. Contudo, a desrama artificial não elimina a presença de nós na madeira, apenas evita a formação de nós soltos. A Fig. 8.10 mostra a origem de ramo de uma peça de madeira com o nascimento. Quando essa madeira é serrada no seu interior, há a formação de um nó vivo (A), produzido por um galho vivo no momento da desrama. Em geral, o nó vivo é aderente e apresenta cor clara. Quando a desrama ocorre após a morte do galho, a parte seca é incorporada à madeira com o crescimento em diâmetro do caule, e o nó resultante é seco e morto (B), chamado de nó solto ou escuro, por apresentar pouca aderência. A madeira com nó vivo e solto é ilustrada no disco de seção do caule de *Pinus* (E). Quando ocorre desrama em uma espécie resinosa, como do gênero *Pinus*, na região de desligamento do caule há a segregação de muita resina. A resina tem a função de cicatrização e, por ser fungicida e bactericida natural, preserva a madeira do apodrecimento. A extremidade do ramo morto incluso à madeira (C) está no estágio mais avançado de apodrecimento e forma um nó solto sem aderência, e a madeira quando serrada pode deixar um espaço vazio, também sujeito ao apodrecimento. A podridão será mais ou menos acentuada a depender do local da divisão e do tamanho do nó. A madeira da região mais nova do alburno em desenvolvimento (D) é isenta

8 SISTEMAS DE MANEJO, DESBASTE E DESRAMA

Fig. 8.9 Desrama em árvores de *Pinus* com uso de serra manual em Jaboticabal (SP)

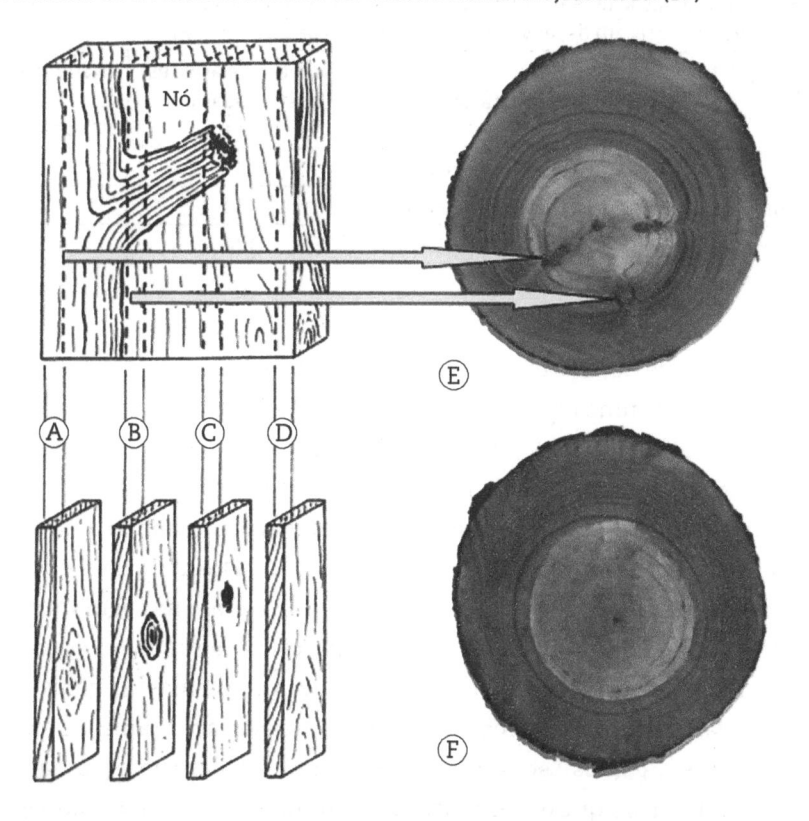

Fig. 8.10 Origem de nó na madeira e disco de *Pinus* (E) com nós e (F) isento de nó
Fontes: EPS (1986, p. 40).

de nó, e a região entre C e D também é conhecida como zona de oclusão (Kronka; Bertolani; Ponce, 2005, p. 118). O disco de madeira de Pinus da região isenta de ramo e nó é ilustrado pela letra F da Fig. 8.10.

A desrama é tão importante quanto o desbaste e consiste em uma das operações silviculturais mais caras. Além de melhorar a qualidade da madeira, reduzindo a quantidade de nós soltos, a primeira desrama artificial é realizada aos 5-6 anos de idade, antes do primeiro desbaste, para favorecer a locomoção no interior da floresta e facilitar as atividades de combate a formigas, o inventário florestal, a marcação das árvores para desbaste e a exploração florestal. A ausência de ramos na parte inferior da árvore é muito importante também para dificultar a ocorrência de incêndio da copa, que pode causar grandes prejuízos às florestas.

Deve haver uma coordenação planejada entre desbaste e desrama dos ramos. O número e a altura das desramas para obter toras isentas de nós variam de acordo com as exigências e orientação do mercado (Kronka; Bertolani; Ponce, 2005). Uma programação de desrama para Pinus tropicais na região de Agudos (SP) é apresentada como exemplo na Tab. 8.4.

Tab. 8.4 Programação de desramas adotada para povoamento de Pinus caribaea var. hondurensis em desenvolvimento na região de Agudos (SP)

Altura de desrama	Idade (anos)	Época de desrama	Número de árvores desramadas por hectare	Rendimento de árvores (homem/dia)
2 m	5 a 6	Antes do 1° desbaste	Todas	460
6 m	9	Após o 1° desbaste	500	200
12 m	12	Após o 3° desbaste	300	60

Fonte: Nicolielo (1985).

A primeira desrama é efetuada normalmente até a altura de 2,0 m. Antes da segunda desrama, uma equipe adequadamente treinada realiza a marcação das 500 melhores árvores do hectare, as quais serão desramadas e não serão eliminadas no segundo desbaste. A terceira desrama é efetuada nas 300 árvores por hectare que serão as remanescentes para o corte final, utilizando uma escada de alumínio de 6,0 m de altura. Essa escada é fixada ao fuste da árvore, e o operador serra o ramo, depois de se prender ao fuste com um cinto de segurança.

Se bem conduzida, a desrama artificial não causa danos maiores às árvores. No entanto, pode acontecer a formação de bolsas de resinas ou gomas sobre o pedaço de galho que permanece ligado ao tronco após a desrama. Se a desrama for realizada em galhos secos, o apodrecimento e a descoloração da madeira serão reduzidos. Para que o crescimento das árvores desramadas não seja prejudicado, é aconselhável que a intensidade da desrama não seja alta, normalmente inferior a 30% da copa. Além disso, para obter melhores resultados, a desrama deve ser aplicada em árvores que estejam crescendo a uma boa taxa diamétrica. Alguns autores recomendam que a desrama seja iniciada quando houver a diferenciação de copas e logo após o primeiro desbaste, somente nos melhores sítios de fertilidade do solo e nas melhores árvores que permanecerão até o corte final, de maneira gradativa, até a altura de 10 m a 15 m. Para a realização dessa técnica, deve-se evitar a época em que a casca da árvore esteja solta (primavera--verão: pleno crescimento vegetativo), pois nessa época ocorrem muitas feridas no ato da operação de desrama, o que pode desencadear um ataque de insetos e fungos.

Referências bibliográficas

ASSIS, A. L.; SCOLFORO, J. R. S.; MELLO, J. M.; OLIVEIRA, A. D. Avaliação de modelos polinomiais não segmentados na estimativa de diâmetros e volumes comerciais de Pinus taeda. Ciência Florestal, Santa Maria, v. 12, n. 1, p. 89-107, 2002.

COELHO, V. C. M.; HOSOKAWA, R. T. Avaliação da reação de crescimento aos desbastes em Pinus taeda L. Revista Agro@ambiente On-line, Boa Vista, v. 4, n. 1, p. 42-48, jan./jun. 2010.

EPS – ESCUELAS PROFESIONALES SALESIANAS. Tecnología de la madera. Barcelona: Ediciones Don Bosco, 1986. 530 p.

IMAÑA ENCINAS, J.; SILVA, G. F.; PINTO, J. R. R. Idade e crescimento das árvores. Brasília, DF: UNB, 2005. 40 p.

KOHLER, S. V. et al. Evolução do sortimento em povoamentos de Pinus taeda nos estados do Paraná e Santa Catarina. Revista Floresta, Curitiba, v. 45, n. 3, p. 545-554, jul./set. 2015.

KRONKA, F. J. N.; BERTOLANI, F.; PONCE, R. H. A cultura do Pinus no Brasil. São Paulo: Sociedade Brasileira de Silvicultura, 2005. 160 p.

NICOLIELO, N. Aspectos gerais sobre manejo florestal em florestas homogêneas de Pinus spp. In: ENCONTRO DE DESBASTES SOBRE O MANEJO DE FLORESTAS DE PINUS, 1985, Ponta Grossa, PR. Anais... Ponta Grossa: Associação Brasileira de Produtores de Madeira, 1985. p. 31-45.

OLIVEIRA, E. B. Planejamento e manejo da plantação de Pinus. In: SHIMIZU, J. Y. (ed.). Pinus na silvicultura brasileira. Colombo: Embrapa Florestas, 2008. p. 111-130.

SANQUETTA, C. R. et al. Produção de madeira para celulose em povoamento de Pinus taeda submetidos a diferentes densidades de plantio e regimes de desbaste: abordagem experimental. Cerne, Lavras, v. 10, n. 2, p. 154-166, jul./dez. 2004.

SCOLFORO, J. R. S.; ACERBI JÚNIOR, F. W.; OLIVEIRA, A. D.; MAESTRI, R. Simulação e avaliação econômica de regimes de desbastes e desrama para obter madeira de Pinus taeda livre de nós. Ciência Florestal, Santa Maria, v. 1, n. 1, p. 121-130, 2001.

SILVA, M. P. S.; CARNEIRO, J. G. A.; BARROSO, D. G. Desrama florestal. In: CARNEIRO, J. G. A.; FERRAZ, T. M.; SILVA, M. P. S.; BARROSO, D. G. (coord.). Princípios de desramas e desbastes florestais. Campos dos Goytacazes, RJ: O Coordenador, 2012. p. 11-49.

SOUZA, C. A. et al. Q. Avaliação de modelos de afilamento não segmentados na estimação da altura e volume comercial de Eucalyptus sp. Ciência Florestal, Santa Maria, v. 18, n. 3, p. 387-399, 2008.

SPELTZ, R. M.; MOREIRA, M. F. Arraste de desbastes de Pinus spp. com animais: uma opção no sistema de exploração. Silvicultura, São Paulo, n. 28, p. 601-603, 1983.

9

Colheita e transporte florestal

*Luciano José Minette, Carlos Cardoso Machado,
Amaury Paulo de Souza, Isabela Dias Reboleto*

A colheita florestal no Brasil começou a se intensificar a partir do século XVI, junto à expansão demográfica, quando o consumo dos recursos madeireiros se tornou essencial para o avanço do País. Tal processo iniciou-se com a utilização de ferramentas simples de corte manual, que exigiam extrema força física e braçal dos trabalhadores, simultaneamente com o auxílio de animais, para realizar a extração da madeira.

No século XIX, as espécies do gênero *Pinus* foram implantadas no País, junto com outras espécies exóticas. Hoje em dia, a participação das florestas plantadas no contexto florestal é muito significativa, sendo responsáveis por mais de 50% da produção de madeira consumida (SBS, 2007). De acordo com o IBÁ (2017), as florestas plantadas de *Pinus* totalizam cerca de 1,59 milhão de hectares e o consumo de madeira de *Pinus* em toras é de 52,9 milhões de m^3 (33,9%).

A demanda por produtos de base florestal a partir do século XVI vem provocando um aumento nos investimentos no setor, devido a seu demasiado crescimento, diretamente relacionado ao crescimento populacional e ao desenvolvimento das indústrias. Tal aumento ocasionou a intensificação da colheita florestal no Brasil, o que, por consequência, impulsionou o desenvolvimento de novas tecnologias para otimizar esse processo.

As operações da colheita da madeira são extremamente importantes no setor florestal, devido à complexidade de realização e ao elevado número de variáveis que influenciam a produtividade e os custos operacionais (Canto et al., 2006). Segundo Machado (2002), essas operações representam cerca de 50% ou mais do custo final da madeira.

As primeiras máquinas importadas chegaram ao Brasil nos anos 1970, junto com o início da produção nacional de maquinários leves e médios, como as motosserras, marcando o começo do processo de modernização.

A mecanização da colheita florestal no País se intensificou de forma exorbitante a partir da década de 1990, com a abertura do mercado pelo governo brasileiro para importação de máquinas e equipamentos de países de maior tradição florestal (Moreira et al., 2004).

As principais máquinas importadas foram os *harvesters*, *forwarders*, *feller bunchers*, *skidders*, entre outras, para a realização das operações de corte, processamento e extração de madeira, acarretando a otimização dos processos, facilitando-os, reduzindo os custos e aumentando os níveis de ergonomia e segurança do trabalho. Tais circunstâncias fizeram com que as empresas brasileiras substituíssem os métodos de colheita manual ou semimecanizado por sistemas mecanizados, com máquinas cada vez mais tecnológicas, produtividade e custos elevados (Bramucci; Seixas, 2002).

Apesar disso, a mecanização apresenta algumas desvantagens, como o elevado custo de aquisição e manutenção, as limitações operacionais em áreas com declividade elevada, e o fato de pequenos produtores rurais não conseguirem acompanhar a evolução tecnológica, ainda aplicando metodologias antigas nas atividades de colheita florestal.

9.1 Planejamento

A globalização da economia e os avanços dos fatores de produção possibilitaram rápida evolução tecnológica das atividades florestais no Brasil. Atualmente, as empresas florestais estão investindo milhões de reais visando a melhoria de sua competitividade e sustentabilidade, principalmente na redução dos custos por meio da pesquisa florestal, de novos procedimentos operacionais, da mecanização, da reengenharia e da terceirização. Esses esforços – que quase sempre geram bons resultados – ainda precisam de algumas ações para a sua continuidade e aprimoramento. Uma dessas ações é o planejamento e controle das atividades florestais, condição indispensável para uma adequada gestão dos recursos produtivos (Machado, 2014).

Em razão dos elevados custos de produção e da complexidade das operações, as atividades de colheita florestal têm recebido os maiores investimentos; máquinas de alta tecnologia e produtividade vêm substituindo os sistemas tradicionais, caracterizados por máquinas de baixa tecnologia. Por isso, o planejamento das atividades de colheita florestal torna-se essencial na busca antecipada dos problemas e na identificação das variáveis envolvidas, de modo que os impactos sobre a produção e os custos sejam estimados e as correções em relação ao plano original sejam efetuadas antes do início das operações (Machado, 2014).

O planejamento adequado das atividades, considerando os aspectos técnicos, econômicos, ambientais, ergonômicos e sociais, é fundamental para o êxito de uma atividade. Esse planejamento em nível operacional visa sempre a utilização eficiente dos recursos disponíveis, sendo realizado para cada atividade da colheita florestal. Assim, tem início com a determinação do objetivo e a listagem das atividades e dos recursos necessários para atingi-lo.

As atividades da colheita florestal devem ser bem planejadas e com certa antecedência, para maior eficácia, um bom nível de segurança e o controle devido do trabalho (Fundacentro, 2005). Para tanto, deve-se conhecer previamente os fatores que interferem nas operações de colheita da madeira, como topografia, clima, segurança, uso final da madeira, solo, espaçamento da cultura, estimativa dos custos, sistemas de colheita, logística, ergonomia das máquinas e dos equipamentos etc. Todas essas informações precisam ser consideradas no planejamento.

O tempo das rotações dos povoamentos florestais, a extensão das áreas plantadas, a diversidade de fatores técnicos, econômicos e ambientais, a política econômica e a própria atividade florestal tornaram o planejamento florestal uma etapa complexa. Por isso, devem ser consideradas as peculiaridades de cada empresa e seu ambiente interno e externo a ser desenvolvido para contribuir com a consecução dos objetivos da empreendedora (Machado, 2014). Devido ao custo elevado, tem-se observado, em vários casos, que somente os aspectos técnicos e econômicos são priorizados pelas empresas, enquanto os aspectos ambientais, que influenciarão as atividades de colheita florestal no futuro, como os valores estéticos e paisagísticos das florestas, muitas vezes não são contemplados (Machado, 2014).

Assim, o planejamento eficiente da colheita florestal é essencial aos gestores da área, visando a otimização das operações, a melhoria da qualidade do produto e serviço, a minimização dos impactos ambientais, as melhorias das condições de saúde e de segurança dos trabalhadores, o aumento de produtividade e a redução dos custos. Entretanto, algumas barreiras tecnológicas ainda têm que ser vencidas para que se possa alcançar essa otimização. Entre as necessidades mais imediatas, cita-se a busca por ferramentas mais elaboradas de planejamento, com destaque para os programas computacionais, que são alternativas eficientes, pois utilizam as técnicas de otimização, os sistemas de informações geográficas e a informática, controlando simultaneamente grande número de variáveis e realizando o planejamento de forma eficiente (Machado, 2014).

9.2 Níveis hierárquicos de planejamento

O planejamento da colheita florestal pode ocorrer em três níveis hierárquicos: estratégico, gerencial ou tático e operacional, conforme o fluxograma da Fig. 10.1 (Machado, 2014).

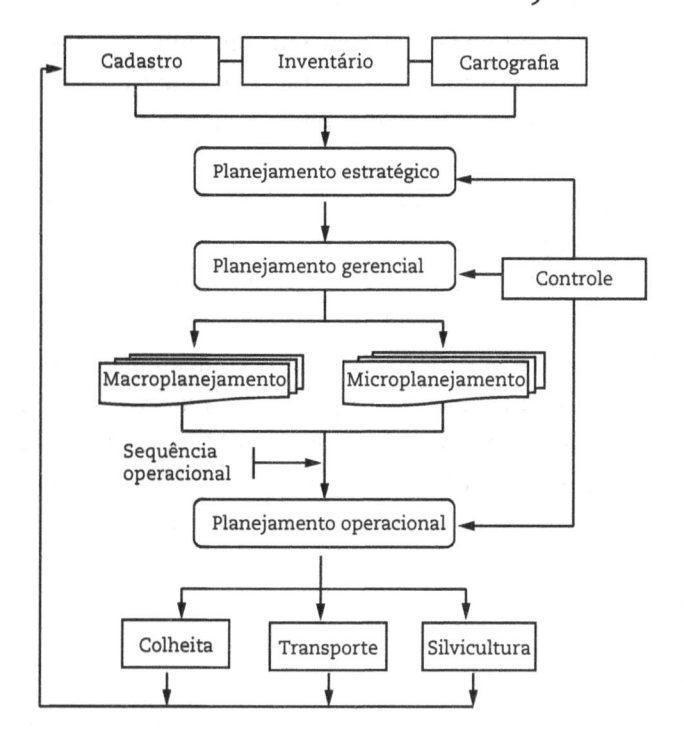

Fig. 9.1 Fluxograma do planejamento florestal

9.2.1 Planejamento estratégico

O planejamento estratégico é voltado para a escolha dos objetivos da organização e a seleção de alternativas a serem consideradas para o cumprimento desses objetivos.

Em economias com alta taxa de inflação, crises de energia, recessão e outros problemas que pressionam a administração, é importante desenvolver um processo de planejamento estratégico, de modo a identificar antecipadamente os problemas e as áreas de oportunidade. Embora o planejamento estratégico não seja a solução para todos os problemas, ele pode ser um alerta para a administração sobre limitações de capacidade, escassez de capital e problemas de fluxo de material.

Uma função importante do planejamento estratégico é a criação de diretrizes para a orientação das decisões de curto prazo, aumentando, assim, o grau de confiança do administrador na tomada de decisão. Definindo o futuro desejado e as ações mais eficazes para alcançá-lo, é mais fácil avaliar as decisões de curto prazo, a fim de adequá-las à orientação de longo prazo.

O processo de planejamento estratégico pode ser detalhado de várias formas, todas guardando uma semelhança entre si. As principais fases desse processo são: análise ambiental; inventário de recursos, aptidões e limitações; estabelecimento de suposições e critérios; determinação de metas e objetivos; formulação, avaliação e seleção de estratégias; e desenvolvimento de programas, orçamentos, cronogramas, acompanhamento e avaliação de desempenho.

Em resumo, o planejamento estratégico consiste em planejar a colheita em um horizonte de longo prazo, normalmente de 10 a 20 anos, no qual, em função dos dados dos povoamentos florestais e da demanda de madeira estabelecida pela indústria, são definidas as alternativas de manejo, os volumes de madeira e os talhões disponíveis para colheita em cada ano do horizonte de planejamento, bem como a necessidade de compra de madeira no mercado.

Nessa etapa, são confeccionadas as planilhas de inventário das áreas florestais, com todas as informações necessárias; é definido o regime de manejo a ser adotado em cada talhão; são selecionados os sistemas de colheita de madeira; e são elaborados os mapas, com a localização dos projetos a serem colhidos. Normalmente, estudam-se vários cenários com base em critérios técnico-econômicos, de forma a garantir a eficiência no processo de suprimento de madeira; as informações apoiarão posteriormente, nos planejamentos gerencial e operacional. Nesses estudos, o uso das técnicas da pesquisa operacional pode auxiliar o planejador na tomada de decisões.

9.2.2 Planejamento gerencial ou tático

Após estabelecidas as disponibilidades e os programas de abastecimento de madeira para o ano subsequente, são distribuídas as cotas mensais, com a definição dos volumes e a localização dos talhões e da sequência da colheita; a verificação no campo da situação atual das estradas; a identificação das estradas a utilizar; e a definição dos maquinários e equipamentos, com seus custos e rendimentos, e das distâncias médias de transporte. Esses procedimentos farão parte do planejamento gerencial, que pode ser subdividido em macro e microplanejamento:

- *Macroplanejamento*: consiste no planejamento em nível de projeto (fazendas, hortos etc.), envolvendo as operações que ocorrerão fora dos talhões.
- *Microplanejamento*: refere-se ao planejamento em nível de talhão, envolvendo todas as operações que ocorrerão dentro dele. São obtidas informações detalhadas, necessárias para facilitar a execução das operações.

9.2.3 Planejamento operacional

Trata-se do planejamento de nível hierárquico mais baixo dentro da empresa, que demanda o envolvimento de todos os setores. É voltado mais para o desenvolvimento de mecanismos de aferição, coordenação e controle que propiciem condições ao sistema atual para alcançar objetivos do plano estratégico, dentro das limitações estabelecidas no plano gerencial ou tático. Deve ter grau de detalhamento proporcional à importância da operação e das dificuldades esperadas para a sua concretização.

O planejamento operacional objetiva, ainda, abordar os fatores que interferem nas operações da colheita, buscando antecipar os problemas que normalmente afetam essa etapa com antecedência, para que seus impactos sobre o nível de produção e custos sejam estimados e as correções no plano original efetuadas, antes do início das operações, para o cumprimento das metas de produção.

9.3 Sistemas de colheita da madeira

O sistema de colheita de madeira envolve todas as atividades da colheita florestal, da derrubada até a madeira posta no pátio da indústria, devendo integrá-las, de forma a conceder o fluxo constante de madeira e evitar os pontos de estrangulamento, levando os equipamentos à sua máxima utilização (Machado, 2008). As atividades podem variar de acordo com o tipo de floresta, uso final da madeira, topografia do terreno, rendimento volumétrico do terreno, máquinas, equipamentos e recursos disponíveis.

Segundo Malinovski e Malinovski (1998), os sistemas de colheita podem ser classificados quanto ao comprimento das toras e à forma como elas são extraídas até o local de processamento. Existem basicamente cinco sistemas de colheita:

- *Sistema de toras curtas* (cut-to-length): é a execução de todas as etapas do corte da árvore (derrubada, desgalhamento, destopamento, traçamento e descascamento) no próprio local onde a árvore foi derrubada; em seguida, ela é extraída para a margem da estrada ou pátio temporário, em toras com até seis metros de comprimento.
- *Sistemas de toras longas* (tree-length): executa-se o desgalhamento e destopamento das árvores no local de abate e, em seguida, elas são levadas para a margem da estrada em forma de fuste com mais de seis metros.
- *Sistema de árvores inteiras* (full-tree): a árvore é derrubada e extraída, sem ser desgalhada, destopada e traçada, para uma estrada ou pátio intermediário, para então ser processada. É indicado para colheita de árvores de grande porte.
- *Sistema de árvores completas* (whole-tree): a árvore é retirada com parte de seu sistema radicular e de forma que seja possível utilizá-la completa. A viabilidade desse sistema depende do valor comercial das raízes.
- *Sistema de cavaqueamento* (chipping): as árvores são cortadas, derrubadas e removidas para a lateral do talhão, onde as outras operações são realizadas; após o descascamento, ocorre a transformação da madeira em cavaco por picadores florestais móveis de campo e, em seguida, o transporte.

9.4 Operações da colheita

Visando a transformação da madeira no produto final desejado, são utilizadas técnicas de preparo e direcionamento da madeira até o local de transporte. A colheita florestal possui quatro etapas: corte, extração, transporte e descarregamento. As operações realizadas dentro de cada etapa variam de acordo com o nível de mecanização, que pode ser manual, semimecanizado ou mecanizado.

A etapa do corte florestal consiste nas operações de derrubada, desgalhamento, destopamento, traçamento, descascamento e empilhamento da madeira. O sucesso dessa etapa é de extrema importância para a boa execução das próximas etapas; ela deve ser planejada visando a minimização dos custos, a redução dos impactos causados e a otimização do processo.

9.4.1 Métodos de corte manual e semimecanizado

Para a realização da derrubada manual, as ferramentas necessárias são os machados, as cunhas e a serra de arco ou traçador. Com a evolução crescente da tecnologia e mecanização, a derrubada manual passou a ser menos utilizada, no entanto, devido ao seu baixo custo de aquisição, continua sendo aplicada em pequenas propriedades.

A derrubada semimecanizada é realizada com o uso de motosserras e, apesar de não ser mais um método manual, o desgaste físico dos operadores se manteve. Por ser uma operação com elevado risco de acidentes, operadores de motosserra passaram a receber treinamento específico e a preocupação com a segurança deles se intensificou, levando a uma maior conscientização quanto ao uso efetivo e indispensável, para todas as atividades, de equipamentos de proteção individual (EPI) como capacete, protetores auriculares, protetor visual, luvas especiais e botas com biqueira de aço e solado antiderrapante.

Quando comparado ao corte manual, o corte semimecanizado apresenta melhor qualidade e aumento da produtividade.

Para efetuar a operação de derrubada manual ou semimecanizada, é preciso respeitar algumas técnicas de segurança. A derrubada da árvore deve ter um direcionamento que promova maior segurança e produtividade na operação. Considerando o tipo de terreno, distâncias, direção do vento e outros fatores, o trabalhador determina as faixas de direcionamento da derrubada da árvore, de acordo com as rotas de extração.

O operador deve determinar a direção desejada da queda da árvore utilizando a técnica de entalhe direcional ou ângulo de corte, mostrada na Fig. 9.2. O ângulo de corte é feito na base da árvore no sentido da queda, sendo um corte superior e outro inferior, com profundidade entre 1/5 e 1/3 do diâmetro da árvore (Machado, 2014).

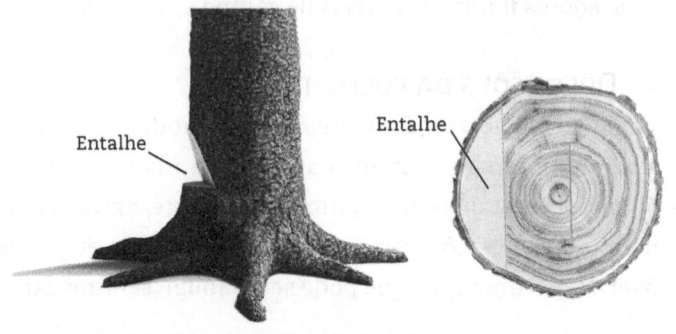

Fig. 9.2 Entalhe direcional ou ângulo de corte
Fonte: Machado (1985).

O corte de abate ou derrubada, também chamado de terceiro corte, é executado do lado oposto ao entalhe direcional, um pouco mais alto em relação ao corte horizontal, ocasionando a formação do filete de ruptura (Fig. 9.3). O filete de ruptura é a porção de madeira que não é cortada e deve possuir uma espessura de cerca de 1/10 do diâmetro da árvore, sendo a base de uma derrubada segura e direcionada.

As operações seguintes à derrubada são o desgalhamento e o destopamento da árvore, que consistem, respectivamente, na remoção dos galhos e da ponteira após a derrubada. O desgalhamento e o destopamento manual podem ser realizados com machado, traçador, foice e facão. O machado é uma das ferramentas ainda muito usadas na colheita florestal, independente do método de derrubada.

O método semimecanizado utiliza a motosserra e apresenta um rendimento operacional maior do que o de forma manual. A técnica de desgalhamento com motosserra mais frequente é denominada "método de alavanca" ou "método dos seis pontos", em que o operador trabalha com a motosserra apoiada no tronco, sendo capaz de cortar seis galhos mantendo-se quase na mesma posição (Machado, 2014).

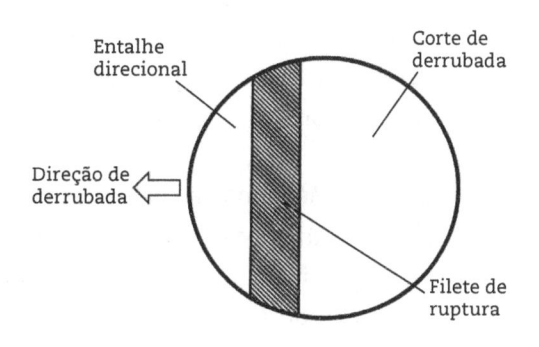

Fig. 9.3 Filete de ruptura
Fonte: Machado (1985).

O traçamento da madeira é a segmentação do fuste em toras que variam de comprimento conforme o uso final da madeira. O traçamento manual pode ser realizado por machado, traçador e serra de arco, e o semimecanizado por motosserra.

As operações de desgalhamento, destopamento e traçamento são influenciadas pela qualidade de fuste exigida pela indústria e requerem técnicas adequadas para que gerem alto rendimento e poucos danos na madeira colhida. O rendimento dessas operações está diretamente ligado ao tipo de equipamento utilizado, ao diâmetro da árvore e dos galhos, às quantidades de galhos presentes, à declividade do terreno etc.

O descascamento da madeira é a separação do tronco e da casca, que pode ser executado na própria indústria, no campo ou não ser realizado, sendo uma operação opcional, dependente do objetivo do produto final da madeira. O descascamento manual pode ser feito com facas, facões, machados e machadinha, e é bem utilizado em árvores que possuem facilidade de se separar do tronco. Já o semimecanizado é realizado com motosserras.

A operação de descascamento no campo auxilia na perda de umidade da madeira, contribui para que os nutrientes fiquem no solo e diminui o peso para o transporte (Machado, 2014). As toras de Pinus são mais facilmente descascadas do que as de eucaliptos e apresentam facilidade de secagem, mas são necessários cuidados para que não ocorra rachaduras.

A operação final do corte é o empilhamento, enleiramento ou embandeiramento da madeira, que são as formas com que a madeira cortada é disposta no talhão, com o objetivo de facilitar a sua extração. Pode ser feito de forma manual ou mecanizada, a depender do abate da árvore. O empilhamento ideal da madeira deve ser realizado de forma que fiquem no mínimo duas faixas livres seguidas e o espaço entre elas seja adequado para a entrada do veículo de transporte.

9.4.2 Métodos de corte mecanizado

O avanço da mecanização na colheita florestal no Brasil vem se tornando irreversível, especialmente com a redução da dependência de mão de obra, as condições de trabalho melhores e o aumento da segurança dos operadores (Bramucci, 2001).

Existem dois tipos de máquinas, as fabricadas para a realidade da atividade florestal e as adaptadas. Estas costumam ser escavadeiras hidráulicas, usadas como máquina-base, com a adição de um implemento (cabeçote, garra etc.).

A introdução desses equipamentos que substituíram o machado e a motosserra permitiu um aumento da capacidade produtiva, a divisão do trabalho em turnos pelos trabalhadores e melhores condições ergonômicas, e reduziu consideravelmente o número de acidentes de trabalho.

As principais máquinas utilizadas no corte mecanizado são *feller buncher* (trator florestal derrubador-acumulador), *harvester* (trator florestal colhedor), *slingshot* (derrubador-processador), *delimber buncher* (desgalhador-acumulador), *feller skidder* (derrubador-arrastador).

Em plantios de Pinus com maiores diâmetros, em áreas declivosas e sem uma boa estrutura de manutenção, a colheita mecanizada não é recomendada.

Harvester

O *harvester* é um colhedor e/ou processador florestal que apresenta uma avançada tecnologia, com capacidade de operar em situações adversas e em condições variadas. Essa máquina realiza as operações do corte simultaneamente (derrubada, desgalhamento, traçamento e descascamento), e sua máquina-base é composta por pneus ou esteira, uma grua e um cabeçote. É apropriada para operações com toras entre 2 m e 6 m de comprimento (Burla, 2008).

Segundo Lima e Leite (2008), o *harvester* possui um conjunto automotriz de alta estabilidade e boa mobilidade, com a finalidade de cortar e processar as árvores dentro da floresta. O *harvester* é uma das principais máquinas empregadas no desbaste e em corte seletivo no Brasil, geralmente sendo usada em corte raso para o gênero *Pinus* (Burla, 2008).

O cabeçote do *harvester* é a ferramenta que executa as funções da máquina e sua escolha depende das características do plantio. Seus implementos de corte podem ser uma serra, um sabre ou um disco. O sistema de corte do *harvester* é completo, sendo derrubador/desgalhador/traçador ou derrubador/desgalhador/descascador/traçador. Possui alta tecnologia, com cabine fechada, climatizada e proteção adequada contra queda de galhos e árvores, garantindo a segurança do operador.

O cabeçote (Fig. 9.4) é formado por braços acumuladores (prensores), responsáveis por segurar e levantar a árvore. Após o corte, a árvore é posta na horizontal e movimentada numa estrutura metálica de corte (rolos de tração) para a esquerda e para a direita, de forma que se descasque (quando necessário) e desgalhe a árvore (Machado, 2008). Após esse processo, inicia-se o traçamento e empilhamento de acordo com a finalidade da madeira.

Fig. 9.4 Cabeçote *harvester* segurando a árvore
Fonte: Machado (2014).

Feller buncher

O *feller buncher* é um trator que corta, acumula e tomba um feixe de árvores acumuladas no cabeçote. O órgão ativo de corte e os braços acumuladores estão presentes no cabeçote, e seus implementos de corte podem ser disco, sabre ou tesoura.

Esse equipamento possui máquina-base de três tipos: trator florestal de esteiras, escavadeira hidráulica e trator florestal de pneus (chassi articulado). O sistema de corte do *feller buncher* é o derrubador/acumulador ou derrubador (direcional). É uma máquina esboçada para sistemas de toras longas ou árvores inteiras, com cabine mais segura e ergonômica para o operador. Apesar disso, o *feller buncher* exige outras máquinas para que o processamento seja completo; geralmente, a extração da madeira cortada pelo *feller buncher* é realizada pelo *skidder*.

As árvores são presas pelo cabeçote através de duas garras na altura do DAP, e o corte é realizado ao nível do solo; após o corte, o braço acumulador é acionado, fixando uma ou mais árvores no cabeçote (Fig. 9.5), reabrindo as garras e acionando o mecanismo de corte mais uma vez, até atingir a sua capacidade de carga (Machado, 2014).

Fig. 9.5 Cabeçote *feller buncher* tombando um feixe de árvores acumuladas
Fonte: Machado (2014).

Fig. 9.6 *Slingshot* realizando o processamento de um feixe de árvores
Fonte: Machado (2014).

Slingshot

É uma máquina que integra as características do *feller buncher* e do *harvester*: ela é responsável por realizar a derrubada de cada árvore, acumulando-as em seu cabeçote até formar um feixe, e, após a formação do feixe, as árvores são processadas (desgalhadas, destopadas e traçadas) ao mesmo tempo (Fig. 9.6). Tal máquina normalmente é utilizada em povoamentos de baixa produtividade.

9.5 Extração da madeira

A extração consiste na movimentação da madeira do local de corte até a margem do talhão, carreador ou pátio intermediário, onde os veículos têm acesso. Existem outros termos para essa operação, a depender da maneira como é executada ou do tipo de equipamento utilizado, podendo ser baldeio ou arraste (Seixas, 2008).

O termo baldeio é utilizado quando a extração é feita por veículos que possuem plataforma de carga, como os *forwarders* ou tratores autocarregáveis; chama-se de arraste quando, durante a extração, as toras estiverem em contato com o solo (*skidders*, tratores equipados com guincho ou tração animal) (Machado, 2014).

A extração é a fase da colheita florestal que apresenta maior complexidade e custo, e demanda um bom planejamento e o uso de equipamentos apropriados para que seja economicamente viável.

9 COLHEITA E TRANSPORTE FLORESTAL 155

Os métodos de extração da madeira podem ser manuais ou mecanizados, e a escolha é influenciada pelas condições topográficas, distância de extração, espécie florestal e aspectos silviculturais do plantio, máquinas, equipamentos e recursos disponíveis. A topografia da área do plantio é um fator decisório para a escolha do método ou o equipamento a ser utilizado, pois, em maiores declividades, existem mais restrições para a mecanização.

9.5.1 Extração manual

É um método que exige muita força física do operador e possui baixo rendimento, mais utilizado em pequenas propriedades, quando as toras possuem dimensões menores, em declividades acentuadas ou em pequenas distâncias.

9.5.2 Extração com animais

É a retirada da madeira do interior do talhão com o auxílio de animais, geralmente os equinos, asininos e muares. A extração manual pode ser realizada de duas formas: com as toras colocadas sobre as cangalhas ou transportadas em contato com o solo – baldeio ou arraste, respectivamente.

Devem ser respeitadas as máximas capacidades de carga e trabalho dos animais, de acordo com a declividade do terreno e a distância de extração. Essa atividade apresenta baixo custo, porém gera um aumento dos fenômenos erosivos no solo.

9.5.3 Extração mecanizada

Existem tratores florestais específicos para a extração ou baldeio da madeira, como o *forwarder* e o *skidder* (Fig. 9.7).

O *forwarder*, conhecido como trator florestal autocarregável articulado, realiza a extração da madeira do interior do talhão na forma de baldeio e consiste em uma máquina com grua hidráulica e compartimento de carga. Possui cabine fechada, para maior segurança do operador, com ar-condicionado

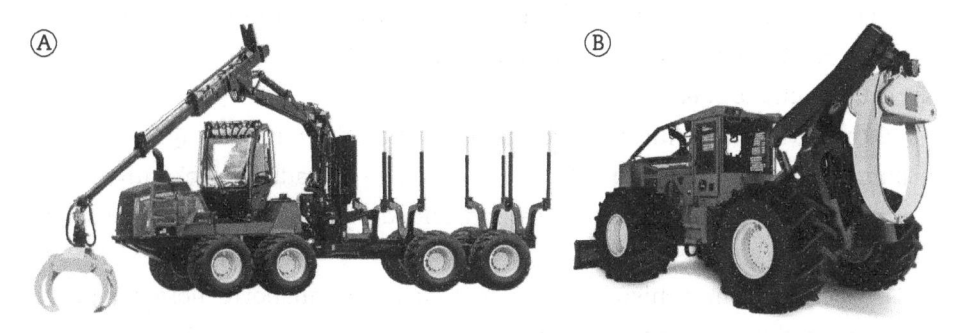

Fig. 9.7 (A) *Forwarder* e (B) *skidder*
Fonte: Machado (2014).

e cadeira giratória. O tipo de rodado pode ser com pneus ou esteiras. Eles são mais utilizados nos sistemas de colheita de toras curtas, e é comum o seu uso em plantios onde o corte foi realizado pelo *harvester*.

O *skidder* é um trator florestal arrastador, mais empregado para sistemas de toras longas ou árvores inteiras, e é composto por uma máquina equipada com garra ou guincho, que arrasta feixes de árvores da área de corte até a margem da estrada. Possui capacidade de arraste de até 12 toneladas e o tipo de rodado pode ser com pneus ou esteiras, rígidas ou flexíveis.

Algumas adaptações em tratores agrícolas são feitas para realizar extração florestal, devido ao elevado custo de aquisição dos *forwarders* e *skidders*. Tais adaptações variam de acordo com a disponibilidade de implementos, declividade e características do terreno.

9.6 Carregamento e descarregamento

Das atividades da colheita florestal, o carregamento e o descarregamento se sobressaem. No carregamento, a madeira é colocada no veículo para o transporte principal, e no descarregamento a madeira é retirada dos veículos no local de utilização final ou em pátios especiais. O planejamento dessas operações é de grande importância, pois pode influenciar no custo do transporte e apresenta grande significância no grau de uso do veículo, visto que em menores distâncias os veículos realizam mais cargas e descargas. As operações podem ser realizadas de forma manual, com ou sem o auxílio de equipamentos, ou de forma mecanizada.

O método mecanizado é o mais comum nas empresas, por apresentar uma elevada eficiência operacional. As máquinas mais utilizadas para tais atividades são os carregadores florestais, que são tratores equipados com um braço de acionamento hidráulico e uma garra (Minette; Sousa; Fiedler, 2002).

9.7 Transporte florestal rodoviário

Pode-se definir transporte rodoviário florestal como a movimentação de madeira e seus derivados da floresta ou fábrica até o centro consumidor, além do transporte da madeira advinda de áreas de fomento até depósitos de entrega das fábricas (Machado et al., 2009).

O transporte florestal mobiliza o produto entre diferentes estágios da cadeia de suprimento; assim, como outros fatores-chave da cadeia de suprimento, ele exerce grande influência tanto na responsividade quanto na eficiência (Chopra; Meindl, 2004).

De acordo com a história, três métodos de transporte florestal predominavam: o fluvial, o rodoviário e o ferroviário. Com a evolução tecnológica, surgiram os métodos dutoviário e aeroviário, mas, por razões econômicas, são pouco utilizados (Machado et al., 2009).

O transporte rodoviário é o mais usado no Brasil para movimentação de cargas, contribuindo de maneira significativa na composição dos custos de diversos segmentos da economia (Velloso et al., 1997), sendo responsável por 59% da carga transportada no País e com tendência ascendente, enquanto o ferroviário e o aéreo participam com 24% e 13%, respectivamente (Fig. 9.8). A importância do caminhão como meio de transporte deve-se não só ao volume de carga a ser transportado, mas também à versatilidade ou facilidade de deslocamento e interligação entre pontos de origens e destinos, situados em quase toda a superfície terrestre.

Atualmente, 40% do transporte de cargas é realizado por esse modal nos países em desenvolvimento, enquanto, nos países desenvolvidos, essa porcentagem é de 30%. O setor florestal depende mais ainda desse meio de transporte, aproveitando-se do sistema de estradas pavimentadas que interligam todas as regiões do Brasil (Machado et al., 2009).

Todavia, as características de especificidade de carga e exclusividade de frete limitam o veículo a operar carregado somente em um único sentido, fazendo com que os custos se tornem maiores por unidade de volume, em comparação aos outros tipos de transporte. Em contrapartida, as imensas vantagens que oferece o transporte rodoviário sobre os demais modais são a possibilidade do deslocamento de produtos *patio a patio*, o menor investimento inicial, a flexibilidade e possibilidade de escolha de rotas e as diferentes capacidades de carga oferecidas (Machado et al., 2009).

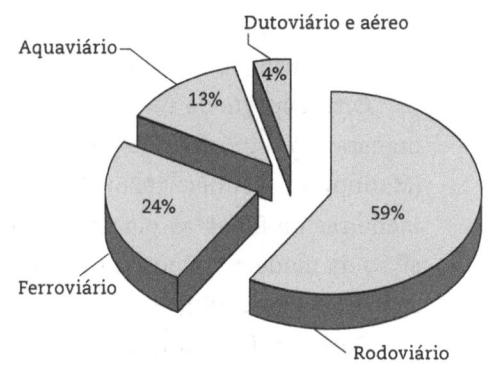

Fig. 9.8 Matriz dos modais de transporte de carga no Brasil
Fonte: Machado (2009).

As toras de madeira, com até 2,40 m de comprimento, geralmente são posicionadas no sentido transversal da carroceria do caminhão, o que resulta em uma carga compacta e homogênea, proporcionando melhor distribuição. Já as toras entre 2,40 m e 6,00 m devem ser transportadas no sentido longitudinal. Nesse sentido, recomenda-se a alternância de posição do lado de maior ou menor diâmetro, visando o equilíbrio da carga (Machado et al., 2009).

A escolha do caminhão é baseada em diversos fatores, como a distância de transporte, o tipo e as condições das estradas, principalmente as de acesso ao plantio, a quantidade de madeira a ser transportada etc. Em pequenas distâncias, por exemplo, pode haver o transporte da madeira em carroças. Para o transporte da madeira de pequenos plantios, em geral são usados caminhões simples, ou seja, uma unidade tratora e transportadora com tração 4 × 2, 4 × 4,

6 × 2 ou 6 × 4. Porém, há disponibilidade de caminhões com maior capacidade de carga, como articulados e conjugados.

Os caminhões articulados (carretas) são compostos por uma unidade tratora (cavalo-mecânico), com tração 4 × 2, 6 × 2 ou 6 × 4 com um, dois ou três semirreboques, chamados de carretas, bitrem e tritrem, respectivamente. Já os caminhões conjugados, vulgarmente conhecidos como Romeu e Julieta, são compostos por um caminhão (normalmente 6 × 4) e um ou dois reboques.

A utilização de caminhões mais pesados para o transporte da madeira proporciona uma economia de combustível por tonelagem transportada. Entretanto, esses caminhões exigem uma melhor capacidade de sustentação da rede viária (Seixas, 1992).

O transporte da madeira é uma atividade de custo elevado. Nas empresas florestais, o custo de transporte circunda na faixa de 40% dos custos da empresa (Malinovski; Fenner, 1986). Geralmente, no Brasil, o custo do transporte de madeiras de florestas plantadas varia entre 38% e 66% do custo final de aquisição da madeira colocada na fábrica, para as distâncias médias entre 45 km e 240 km (Seixas; 2001).

Entre os fatores que mais influenciam os custos do transporte florestal rodoviário estão a distância, o padrão de qualidade das estradas, que influi no desempenho energético dos veículos de transporte, as características do veículo e a existência de frete de retorno. Apesar de a distância ser o principal fator, estradas em condições precárias podem contribuir para o aumento de cerca de 58% no consumo de combustível, 28% nos custos de manutenção, 100% no tempo de viagem e 50% nos acidentes de trânsito (Machado et al., 2009).

Com o objetivo principal de preservar a integridade dos pavimentos das estradas, foi publicada pelo antigo Departamento Nacional de Trânsito (Denatran) a Portaria nº 86, de 20 de dezembro de 2006, popularmente conhecida como Lei da Balança, a qual determina limitações nas dimensões e no peso máximo admissível por eixo da unidade de transporte nas estradas brasileiras. Os comprimentos máximos são de 14,0 m para veículos simples, 18,6 m para veículo articulado e 19,8 m para veículos com reboques, com largura máxima de 2,60 m e altura máxima de 4,40 m. Os veículos com dimensões superiores devem possuir Autorização Especial de Trânsito (AET) para trafegar.

O PBT, especificado pelo fabricante, é o peso máximo (carga + tara) que o veículo-trator (cavalo mecânico) e/ou caminhão suporta, enquanto o peso bruto total combinado (PBTC) é o peso máximo que uma combinação veicular suporta, de acordo com a potência do motor, a resistência dos chassis, a suspensão e os eixos. O PBT ou o PBTC não podem ultrapassar a capacidade máxima de tração (CMT) técnica (Machado et al., 2009), que é o máximo de peso total (PBT ou PBTC) que um veículo pode tracionar. A CMT técnica pode ser encontrada nos manuais dos fabricantes, sendo baseada em considerações sobre a resistência dos elementos de transmissão e potência do motor e condições da estrada (Machado et al., 2009).

Com todas as combinações possíveis e previstas na Portaria n° 86, os caminhões brasileiros podem trafegar com peso bruto total (PBT) de 16 toneladas (caminhão simples 4 × 2) até 74 toneladas (cavalo mecânico 6 × 4 com três semirreboques de dois eixos cada, o chamado tritrem, largamente utilizado no setor florestal).

Referências bibliográficas

BRAMUCCI, M. *Determinação e quantificação de fatores de influência sobre a produtividade de* harvesters *na colheita de madeira*. 2001. 50 f. Dissertação (Mestrado em Recursos Florestais) – Escola Superior de Agricultura "Luiz de Queiroz", Universidade de São Paulo, Piracicaba, 2001.

BRAMUCCI, M.; SEIXAS, F. Determinação e quantificação de fatores de influência sobre a produtividade de *harvester* na colheita florestal. *Scientia Forestalis*, n. 62, p. 62-74, 2002.

BURLA, E. R. *Avaliação técnica e econômica do harvester na colheita do eucalipto*. 2008. Tese (Doutorado em Engenharia Agrícola) – Universidade Federal de Viçosa, Viçosa, 2008.

CANTO, J. L. et al. Colheita e transporte florestal em propriedades rurais fomentadas no estado do Espírito Santo. *Revista Árvore*, v. 30, n. 6, p. 989-998, 2006.

CHOPRA, S.; MEINDL, P. *Gerenciamento da cadeia de suprimento*. São Paulo: Pearson, 2004. 465 p.

FUNDACENTRO – FUNDAÇÃO JORGE DUPRAT FIGUEIREDO DE SEGURANÇA E MEDICINA DO TRABALHO. *Segurança e saúde no trabalho florestal*: código de práticas da OIT. São Paulo: MTE/FUNDADENTRO, 2005. 172 p.

IBÁ – INDÚSTRIA BRASILEIRA DE ÁRVORES. *Relatório IBÁ 2017*. Brasília, 2017. 80 p. Disponível em: http://www.iba.org/images/shared/iba_2017.pdf. Acesso em: 10 abr. 2018.

LIMA, J. S. de S.; LEITE, A. M. P. Mecanização. In: MACHADO, C. C. (org.). *Colheita florestal*. 2 ed. Viçosa: Editora UFV, 2008. p. 43-65.

MACHADO, C. C. *Colheita florestal*. 2 ed. Viçosa, MG: Editora UFV, 2008. 501 p.

MACHADO, C. C. *Colheita florestal*. 3 ed. Viçosa, MG: Editora UFV, 2014. 543 p.

MACHADO, C. C. (org.) *Colheita florestal*. Viçosa, MG: Editora UFV, 2002. 468 p.

MACHADO, C. C.; LOPES, E. S.; BIRRO, M. H. B. MACHADO, R.R. *Transporte rodoviário florestal*. Viçosa, MG: Editora UFV, 2009. 217 p.

MACHADO, C. C.; LOPES, E. S. Planejamento. In: MACHADO, C. C. (org.). *Colheita florestal*. Viçosa, MG: Editora UFV, 2002. 468 p.

MALINOVSKI, J. R.; FENNER, P. T. *Otimização do transporte de madeira roliça de Pinus spp*. Curitiba: FUPEF/UFPR, 1986. 68 p.

MALINOVSKI, R. A.; MALINOVSKI, J. R. *Evolução dos sistemas de colheita de povoamentos de pinus na região sul do Brasil*. Curitiba: FUPEF, 1998. 138 p.

MINETTE, L. J.; SOUZA, A. P.; FIEDLER, N. C. Carregamento e descarregamento. In: MACHADO, C. C. (org.). *Colheita florestal*. Viçosa, MG: Editora UFV, 2002. p. 129-144.

MOREIRA, F. M. T. et al. Avaliação operacional e econômica do *Feller-Buncher* em dois sistemas de colheita de florestas de eucalipto. *Revista Árvore*, v. 28, n. 2, p. 199-205, 2004.

SBS – SOCIEDADE BRASILEIRA DE SILVICULTURA. *Fatos e números do Brasil Florestal*. SBS, 2007. p. 11, 12, 13, 14, 18, 29 e 31.

SEIXAS, F. Extração. In: MACHADO, C. C. (org.). Colheita florestal. 2 ed. Viçosa, MG: Editora UFV, 2008. p. 97-145.

SEIXAS, F. Novas tecnologias no transporte rodoviário de madeira. In: SIMPÓSIO BRASILEIRO SOBRE COLHEITA E TRANSPORTE FLORESTAL, 2001. Anais... Porto Seguro: Sociedade de Investigações Florestais.

SEIXAS, F. Uma metodologia de seleção e dimensionamento de frota de veículos rodoviários para o transporte principal de madeira. 1992. Tese (Doutorado em Enhenharia de Transportes) – Universidade de São Paulo, São Paulo, 1992.